全国职业院校建筑类专业教材

QUANGUO ZHIYE YUANXIAO JIANZHULEI ZHUANYE JIAOCAI

建筑施工工艺技能训练

项国平◎主编

中国劳动社会保障出版社

简介

本技能训练是全国职业院校建筑类专业教材《建筑施工工艺》的配套技能训练，根据职业院校建筑类专业学生的特点，并参照国家相关职业标准和岗位技能鉴定规范编写。本技能训练选择了20个建筑施工常用工艺过程安排训练内容，涵盖土方工程施工、基础施工、脚手架工程施工、砌体结构施工、钢筋混凝土结构施工、钢结构工程施工、防水工程施工、装饰工程施工，供学生练习使用。

本技能训练由项国平任主编，曹育梅任副主编，黄露娜参加编写。

图书在版编目（CIP）数据

建筑施工工艺技能训练 / 项国平主编 . -- 北京 : 中国劳动社会保障出版社，2024
全国职业院校建筑类专业教材
ISBN 978-7-5167-6203-5

Ⅰ. ①建…　Ⅱ. ①项…　Ⅲ. ①建筑工程 - 工程施工 - 职业教育 - 教材　Ⅳ. ① TU7

中国国家版本馆 CIP 数据核字（2023）第 227583 号

中国劳动社会保障出版社出版发行
（北京市惠新东街 1 号　邮政编码：100029）
*
三河市华骏印务包装有限公司印刷装订　　新华书店经销

787 毫米 ×1092 毫米　16 开本　4.75 印张　104 千字
2024 年 1 月第 1 版　　2024 年 1 月第 1 次印刷
定价：12.00 元

营销中心电话：400-606-6496
出版社网址：http://www.class.com.cn
http://jg.class.com.cn

前言

PREFACE

近年来，我国建筑行业进入了新的发展阶段。基于对当前建筑行业技能型人才需求及职业院校教学实际的调研分析，我们组织开发了这套全国职业院校建筑类专业教材，分为“建筑施工”“建筑设备安装”“建筑装饰”和“工程造价”四个专业方向。教材的编审人员由教学经验丰富、实践能力强的一线骨干教师和来自企业的设计、施工人员组成。

在本次教材开发工作中，我们主要做了以下几方面工作：

第一，突出教材的实用性。在“适用、实用、够用”的原则下，根据建筑行业相关企业的工作实际和相关院校的教学需要安排教材结构和内容，设计了大量来源于生产、生活实际的案例、例题、练习题和技能训练，引导学生运用所学知识分析和解决实际问题，教材体系合理、完善，贴近岗位实际与教学实际。

第二，突出教材的先进性。根据当前建筑行业对岗位知识与技能的实际需求设计教学内容，贯彻新标准。例如，在相关教材中全面贯彻《混凝土结构施工图平面整体表示方法制图规则和构造详图（现浇混凝土框架、剪力墙、梁、板）》（22G101—1）和《建设用砂》（GB/T 14684—2022）等最新图集和国家标准，《建筑 CAD》以新版的 AutoCAD 软件作为教学软件载体等。此外，新材料、新设备、新技术、新工艺在相关教材中也得到了体现。

第三，突出教材的易用性。充分保证教材的印刷质量，全部主教材均采用双色或四色印刷，图表丰富，营造出更加直观的认知环境；设置了“想一想”和“知识拓展”等栏目，引导学生自主学习；教材配套开发了习题册参考答案和电子课件，可登录技工教育网（http://jg.class.com.cn）在相应的书目下载。

本套教材在编写过程中，得到了智能制造与智能装备类技工教育和职业培训教学指导委员会及一批职业院校的大力支持，教材的编审人员做了大量的工作，在此，我们表示诚挚的谢意！同时，恳切希望用书单位和广大读者对教材提出宝贵意见和建议。

编者

目录
CONTENTS

技能训练 1 地基处理及加固

一、训练任务

某工程现场根据土方开挖情况，工程部分基坑设计底标高未到持力层。地基处理采用素混凝土换填，换填方量根据实际情况自定，并进行质量检验。

二、训练目的

通过技能训练，当在实际工程中遇到特殊地基土时可以做出判断，并能及时应对突发情况，保证工程质量的可靠性。

三、训练准备

1. 材料准备

混凝土：C20 混凝土，逐盘检验，质量需符合要求。

2. 机具准备

铝合金刮杠、尖锹、平锹、平板振捣器等。

3. 实训条件

（1）基坑上方所有浇筑部位的马道及安全防护均已搭设完毕，并经检查验收。

（2）模板已支设完毕。

（3）地基清理干净，集水坑、排水沟按设计和规范要求处理完毕。

4. 安全措施

（1）进现场必须佩戴安全帽。

（2）溜槽、马道支架应牢固、可靠。

（3）基坑周围应设防护栏杆并有醒目标志。

四、训练流程要点

1. 工艺流程

清理基槽→分层浇筑 C20 混凝土→浇筑混凝土找平→养护。

2. 操作要点

（1）浇筑中混凝土要摊铺均匀、干稀一致，并充分振捣，使各层混凝土能形成一个整体，收缩变形一致。加强对混凝土的养护，加强底板混凝土的二次抹面，防止表面龟裂的产生。

（2）混凝土使用平板振捣器振捣，在无筋结构中，每层振实厚度不大于 250 mm，表面振动器的移动间距应保证振动器的平板覆盖已振实部分的边缘，以使该处的混凝土振实出浆为准。也可进行两遍振实，第一遍和第二遍的方向要互相垂直，第一遍主要使混凝土密实，第二遍使混凝土表面平整。混凝土浇筑始终采用“分段定点，一个坡度，薄层浇筑，循序渐进，分层到顶”的浇筑方法，在下层混凝土初凝前浇筑上层混凝土。

（3）浇筑混凝土时使用标尺竿作为分层混凝土的检查控制手段。

（4）为防止坍落度过大而产生大量泌水，影响混凝土的强度，要求将混凝土的坍落度严格控制在 140 ~ 160 mm。可适当添加减水剂，严禁向混凝土中加水。

五、训练质量检验

1. 对于进场的混凝土应进行抽检，坍落度过大或过小都应拒收，一般到场混凝土坍落度控制在 150 ± 10 mm。

2. 标高要求：标高偏差不得大于 ± 10 mm。

3. 平整度要求：平整度偏差不得小于 ± 5 mm。

4. 混凝土不应有过振、漏振现象。

5. 检查混凝土表面振实质量和出浆情况。

技能训练 2 场地平整土方工程量计算

一、训练任务

某建筑场地方格网如图 2-1 所示，方格边长为 20 m×20 m，双向排水，排水坡度为 $i_x=i_y=1\%$，按挖填平衡的原则计算其土方量（不计算边坡土方量），根据计算结果进行场地平整，并对填土进行质量检验。

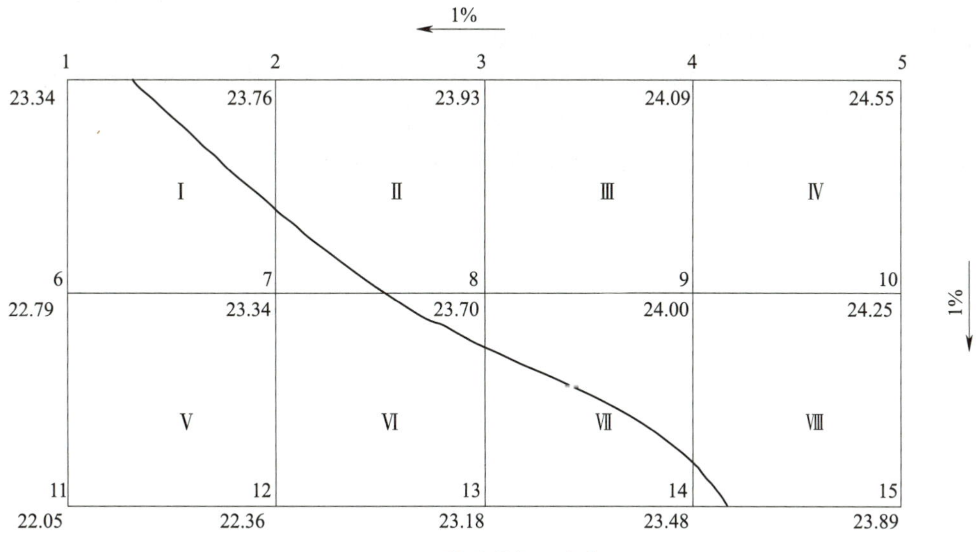

图 2-1　某建筑场地方格网

二、训练目的

通过场地平整土方量的计算，掌握场地平整过程中影响工作量的因素，了解工程实践过程中对于土方工程的施工要求。

三、训练准备

1. 硬件准备：实训场地、相应数量的土方量、挖土设备或工具、压实机械设备。

2. 技能训练过程中注意机械设备的使用安全、用电安全，以及施工过程操作规范中的安全注意事项，注意人机配合。

四、训练流程要点

1. 计算场地设计标高。

2. 根据场地排水坡度调整各方格角点的设计标高，注于方格网角点右下方；根据场地形状，确定场地中心点即角点 8 的设计标高为 23.55，计算其余角点的设计标高。

3. 计算各方格角点的施工高度，标注于方格角点的右上方（$h_n=H_n-h'_n$）。

4. 确定零点零线标注于方格网中，如图 2–1 所示。

5. 计算各方格的土方量。

6. 计算挖放量和填放量的总和。

7. 土方场地平整施工。

五、训练质量检验

1. 场地平整原则上遵循挖填平衡要求。掌握土的可松性性质，对填土进行压实。

填土必须具有一定的密实度，以避免建筑物的不均匀沉陷。填土密实度以设计规定的控制干密度或规定的压实系数作为检查标准。

填土压实后的实际干密度应有 90% 以上符合设计要求，其余 10% 的最低值与设计值的差不得大于 0.08 g/cm^3，且应分散，不得集中。

2. 确定泄水坡度时，应充分考虑场地周围环境以及地下水走向。

基础回填土施工

一、训练任务

在已完成基槽和基础施工的情况下，分小组进行基础回填土的施工，回填土采用体积配合比为 3∶7 的灰土，回填深度根据现场情况而定。

二、训练目的

通过技能训练，熟悉基础回填土施工流程与要求的工程实践操作要点，掌握回填土施工工艺流程与质量要求，了解工程实践中协调处理问题的方法。

三、训练准备

1. 一般准备

基础回填土场地、灰土、回填工具与设备、压实机具。

2. 材料准备

土：土料应采用基坑开挖时存储在土库内的土，不得使用含有机杂质的土或耕植土。土料应过筛，其颗粒不得大于 15 mm，含水率控制在 16% 左右，一般以手握成团、落地开花为宜。

石灰：使用 I 级以上新鲜灰块，使用前 1～2 d 消解并过筛，其颗粒不得大于 5 mm。

砂：采用含泥量不大于 5% 的中砂。

石：采用含泥量不大于 5% 的碎石，不得含有垃圾等杂物。

配合比：采用体积配合比为 3∶7 的灰土，石灰和土料应计量，用人工或机械翻拌，不少于 3 遍，使之拌和均匀、颜色一致。

四、训练流程要点

1. 工艺流程

拌和灰土→清理基坑→回填土并分层夯实→取样检验。

2. 操作要点

（1）施工前应验坑（槽），将坑（槽）底积水、垃圾杂物等清理干净；清理到基础底面标高，将回落的松散土、砂浆、石子等清理干净，并应做好水平标志，以控制回填的高度和厚度，可以在承台或剪力墙上按每 250 mm 分层弹线。

（2）灰土施工时，应适当控制其含水量，以用手紧握成团、两手指轻捏能碎为宜。如土料水分过多或不足，可以晾干或洒水湿润。灰土应拌和均匀、颜色一致，拌好后应及时铺好夯实，铺土应分层进行，每层铺土厚度和压实遍数见表 3–1。

表 3–1　填方每层铺土厚度和压实遍数

压实机具	每层铺土厚度 /mm	每层压实遍数
平碾（8 ~ 12 t）	200 ~ 300	6 ~ 8
羊足碾（5 ~ 16 t）	200 ~ 350	8 ~ 16
蛙式打夯机（200 kg）	200 ~ 250	3 ~ 4
振动碾（8 ~ 15 t）	60 ~ 130	6 ~ 8
人工打夯	不大于 200	3 ~ 4

注：人工打夯时，土块粒径不应大于 50 mm。

（3）每层灰土的夯打遍数应根据设计的干密度由现场试验确定，回填土每层至少夯打三遍。打夯应一夯压半夯夯相连、纵横交叉，并且严禁采用水浇使土下沉的所谓“水夯”法。

（4）深浅基坑（槽）相连时，应先填夯深基坑，填至与浅基坑相同的标高时，再与浅基坑一起填夯。在独立基坑与地沟相连时，应分段填夯，交接处应填成阶梯形。

（5）在地下水位以下的基坑（槽），坑内施工时，应采取降水措施，使其在无水状态下施工。入槽的灰土不得隔日夯打，夯实后的灰土 3 d 内不得受水浸泡。

（6）灰土打完后要做好临时遮盖措施，防止日晒雨淋。刚打完或尚未夯实的灰土，如遭受雨水浸泡，则应将积水及松软灰土除去并补填夯实，受浸泡的灰土应在晾干后按比例拌和石灰后再使用。

（7）采用 1 : 1 级配砂石回填，将砂、石拌和均匀后再铺夯压实。施工时砂的含水量控制在 15% ~ 20%，并应分层铺设，分层夯实或压实，每层铺设厚度为 200 mm。采用平板振动器往复振捣，振动器移动时，每行搭接 1/3，以防振动面积不搭接。平板振动器的振动频率不小于 2 800 r/min，电动机功率不小于 2.2 kW，重量不小于 65 kg，每层振动 3 遍。施工完毕后，立即进行下道工序施工，严禁小车在砂层上行驶，必要时应在砂层上铺板行车。

（8）回填土每层经夯实后，应按规范规定进行环刀取样，测出干密度；达到要求后，再进行下一层回填土的施工。取样数量：基坑填土每层按 100 ~ 500 m^2 取一点，但不少于一点。基槽管沟：每层按长度 20 ~ 50 m 取一点，但不少于一点。

（9）取样时，应每段每层进行检验，并在夯实层下半部（至每层表面以下 2/3 处）同环取样。

五、训练质量检验

基础回填土施工训练质量检验见表 3–2。

表 3-2　　基础回填土施工训练质量检验

<table>
<tr><th rowspan="3">项目</th><th rowspan="3">序号</th><th rowspan="3">检查项目</th><th colspan="5">允许值或允许偏差 /mm</th><th rowspan="3">检查方法</th></tr>
<tr><th rowspan="2">柱基基坑基槽</th><th colspan="2">场地平整</th><th rowspan="2">管沟</th><th rowspan="2">地（路）面基础层</th></tr>
<tr><th>人工</th><th>机械</th></tr>
<tr><td rowspan="2">主控项目</td><td>1</td><td>标高</td><td>-50</td><td>±30</td><td>±50</td><td>-50</td><td>-50</td><td>水准仪</td></tr>
<tr><td>2</td><td>分层压实系数</td><td colspan="5">设计要求</td><td>按规定方法</td></tr>
<tr><td rowspan="3">一般项目</td><td>1</td><td>回填土料</td><td>20</td><td>20</td><td>50</td><td>20</td><td>20</td><td>用 2 m 靠尺和楔形塞尺检查</td></tr>
<tr><td>2</td><td>分层厚度及含水量</td><td colspan="5">设计要求</td><td>观察或土样分析</td></tr>
<tr><td>3</td><td>表面平整度</td><td>20</td><td>20</td><td>30</td><td>20</td><td>20</td><td>用塞尺或水准仪</td></tr>
</table>

技能训练 4　砖基础（条形基础）砌筑施工

一、训练任务

土方开挖结束后，垫层施工完毕，放线立好皮数杆后，分小组进行砖基础（条形基础）的砌筑施工。砌筑如图 4–1 所示的砖基础，大放脚砌筑方式采用等高式六皮三收。

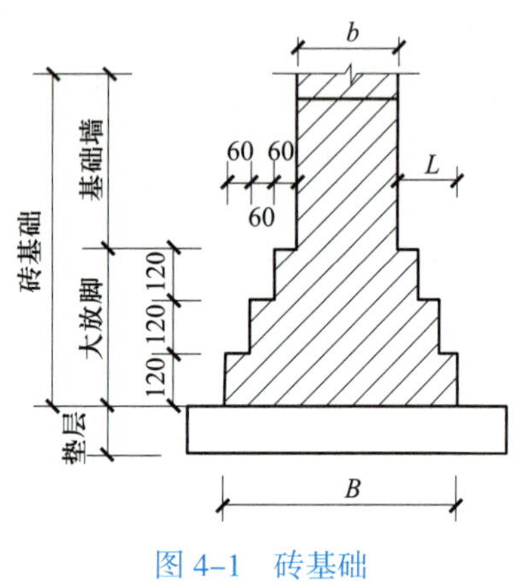

图 4–1　砖基础

二、训练目的

通过技能训练，熟悉砖基础施工流程与要求的工程实践操作要点，掌握砖基础施工工艺流程与质量要求，了解工程实践中协调处理问题的方法。

三、训练准备

1. 一般准备

熟悉施工图纸，检查基底墨斗线是否齐全、清晰，基础皮数杆的钉设是否恰当。

2. 材料准备

砖：检查砖的规格、强度等级、品种等是否符合设计要求，并提前做好浇水浇砖工作。

水泥：一般采用 32.5 级普通硅酸盐水泥或矿渣硅酸盐水泥。检查水泥的出厂日期、标号等是否符合要求。

砂：一般采用中砂，要求先经过 5 mm 筛孔过筛。M5 以上的砂浆，砂的含泥量不得超过 10%。如果采用细砂，应提请施工人员调整配合比。砂粒必须有足够的强度。

掺和料：石灰膏、粉煤灰等，冬期施工时也有掺入磨细生石灰的。对于石灰膏，要了解它的稠度，以便控制掺入量。

外加剂：有时为了节约石灰膏用量和改善砂浆的和易性，可添加微沫剂，使用时应了解其性能和添加方法。

其他材料：如拉结筋、预埋件、木砖、防水粉（防水剂）等，均应检查其数量、规格等是否符合要求。

四、训练流程要点

1. 工艺流程

准备工作→拌制砂浆→确定组砌方法→排砖撂底→砌筑→抹防潮层。

2. 操作要点

（1）拌制砂浆：a. 砂浆的配合比确定以后，应严格按规定要求计量配料。水泥的称量精确度控制在 ±2% 以内，砂和石灰膏等掺和料的称量精确度控制在 ±5% 以内。外加剂由于总掺入量很少，更要按说明或技术交底要求严格计算加料，不能多加或少加。b. 砂浆应随拌随用，对于水泥砂浆或水泥混合砂浆，必须在砂浆拌制后 3～4 h 内使用完毕。c. 每一施工段或每 250 m^3 砌体，每种砂浆应制作一组（6 块）试块。如砂浆强度等级或配合比有变动，应另做试块。

（2）确定组砌方法。大放脚基底宽度可按下式计算：

$$B=b+2L \qquad （式 4-1）$$

式 4-1 中：B——大放脚宽度；

b——正墙身宽度；

L——放出墙身宽度。

本技能训练为墙身等高式六皮三收的宽度。大放脚共有 3 个台阶，每个台阶宽度为 1/4 砖长，即 60 mm。按上式计算，得到基底宽度 B=600 mm，考虑竖缝后实际应为 615 mm，即两砖半宽。此类大放脚转角处的组砌方式如图 4-2 所示。

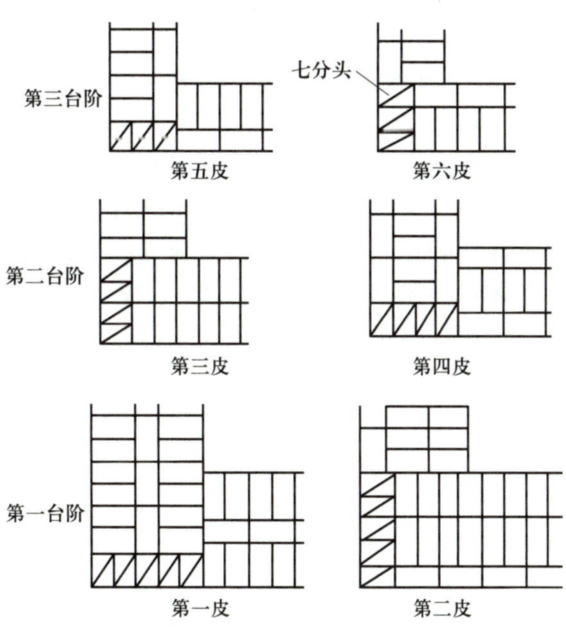

图 4-2　六皮三收大放脚台阶排砖方法

（3）排砖撂底。排砖就是按照基底尺寸线和已定的组砌方式，不用砂浆，把砖在一段长度内整个干摆一层，排时考虑竖直灰缝的宽度，要求山墙摆成丁砖，檐墙摆成顺砖，即所谓“山丁檐跑”。在排砖中要把转角、墙垛、洞口、交接处等不同部位排得既符合砖的模数，又符合设计的模数，要求接槎合理、操作方便。排砖通过调整竖缝大小来解决设计模数和砖模数的矛盾。

排砖结束后，用砂浆把干摆的砌砖砌起来，就叫撂底。撂底时，注意不能动排好的砖的平面位置，要一铲灰一块砖地砌筑，同时必须严格与皮数杆标准砌平。偏差过大的应在准备阶段处理完毕，不超过 1 cm 的偏差要靠调整砂浆灰缝的厚度来解决。

（4）砌筑。

1）盘角：即在房屋转角、大角处先砌好墙角。每次盘角高度不得超过五皮砖，并用线锤检查垂直情况，同时要检查其与皮数杆的相符情况。基础盘角的关键是墙角的垂直度和平整度，要严格按照皮数杆控制灰缝厚度。

2）收台阶：基础大放脚是要收台阶的，每次收台阶必须用卷尺量准尺寸，中间部分的砌筑应以大角处准线为依据，不能用目测或砖块比量，以免出现偏差。收台阶结束后，砌基础墙前，要利用龙门板拉线检查墙身中心线，并用红铅笔将“中”画在基墙侧面，以便随时检查复核。

3）砌筑要求。

a. 基础如深浅不一，有错台或踏步等情况时，应从深处砌起。

b. 如有抗震缝、沉降缝时，缝的两侧按弹线要求分开砌筑。砌时缝隙内落入的砂浆要随时清理干净，保证缝道畅通。

c. 基础分段砌筑必须留踏步槎，分段砌筑的相差高度不得超过 1.2 m。

d. 基础大放脚应错缝。利用碎砖和断砖填心时，应分散填放在受力较小的不重要的部位。

e. 预留孔洞应准确留置，不得事后开凿。

f. 各层砖与皮数杆要保持一致，偏差不得大于 ±1 cm。

（5）抹防潮层。基础防潮层应在基础墙全面砌到设计标高后才能施工，最好能在室内回填土完成以后进行。如果基础墙顶有钢筋混凝土圈梁，则可代替防潮层。防潮层应作为一道工序来单独完成，不允许用砌墙砂浆加防水剂来抹防潮层。防潮层所用砂浆一般采用 1∶2.5 水泥砂浆加水泥含量为 3%～5% 的防水剂搅拌而成。抹防潮层时，应先在基础墙顶的侧面抄出水平标高线，然后用直尺夹在基础墙两侧，尺上按照抄平线找准然后摊铺砂浆，待初凝后再用木抹子收压一遍，做到平、实、表面不光滑。

五、训练质量检验

1. 保证项目

（1）砖的品种、强度等级必须符合设计要求。

（2）砂浆的品种必须符合设计要求，强度必须符合：a. 同品种、同强度等级砂浆各组试块的平均强度不小于设计强度；b. 任意一组试块的强度不小于 0.75 倍设计强度。

（3）砌体砂浆必须密实饱满，实心砌体水平灰缝的砂浆饱满度不小于 80%。

（4）外墙的转角处严禁留直槎。

2. 基本项目

（1）砌体上下错缝。每间（处）4～6 皮砖的通缝不超过 3 处为合格，每间（处）无 4 皮砖的通缝为优良。

（2）砌体接槎处灰浆密实，缝、砖平直。每处接槎部位水平灰缝厚度小于 5 mm 或透亮的缺陷不超过 10 mm 时为合格，在合格的基础上，小于 5 mm 时为优良。

（3）预埋拉结筋的数量、长度均应符合设计要求和施工规范规定。留置间距偏差不超过 3 皮砖者为合格，偏差不超过 1 皮砖者为优良。

（4）构造柱位置留置应正确，大马牙槎要先退后进，残留砂浆清理干净。大马牙槎上下顺直者为优良，否则为合格。

3. 允许偏差项目

（1）轴线位置偏移。用经纬仪或拉线检查，其允许偏差不得超过 10 mm。

（2）基础顶面标高。用水准仪测量，其允许偏差不得超过 ±15 mm。

（3）预留构造柱的截面，其允许偏差不得超过 ±10 mm。

（4）表面平整度和水平的灰缝平直度均应符合施工规范要求。

技能训练 5 柱结构施工图识读

一、训练任务

请对如图 5-1 所示的柱结构施工图进行识读。

二、训练目的

熟悉柱结构平法施工图识读方法，了解集中注写方式的表达方法，掌握柱结构施工图的正确识读。

三、训练内容

1. 识读 LZ1、KZ1、KZ2、KZ3 的位置、尺寸及数量。
2. 识读 LZ1、KZ1、KZ2、KZ3 受力钢筋的类型、直径和根数。
3. 识读 LZ1、KZ1、KZ2、KZ3 箍筋的类型、直径及支数。
4. 识读 XZ1 的长度。

KZ1
650×600
4⌀22
⌀10@100/200
5⌀22
4⌀20
KZ2
650×600
22⌀22
⌀10@100/200
KZ3
650×600
24⌀22
⌀10@100/200
XZ1
19.470–30.270
8⌀25
⌀10@100
LZ1
250×300
6⌀16
⌀8@100/200
7 200
3 600
1 800
900
150
6 900
5 115
1 785
325
450
125

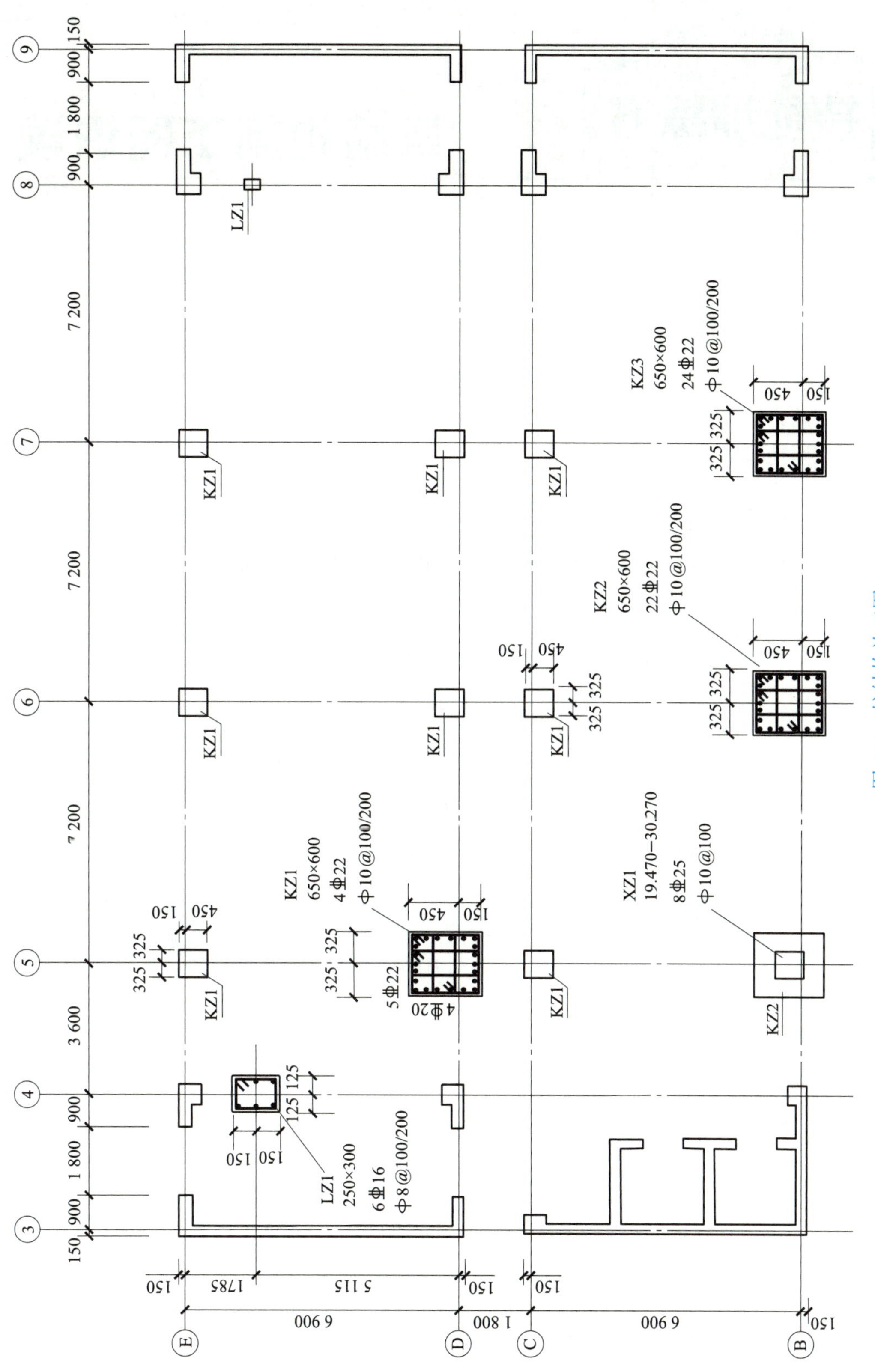

图 5-1　柱结构施工图

技能训练 6 梁结构施工图识读

一、训练任务

如图 6–1 所示为梁结构施工图，通过梁平法施工图的识读方法，识读 KL1、KL2、L1 的配筋，了解平面注写、原位注写内容、区别与使用要求，并分别绘制 KL1、KL2、L1 梁支座处与梁中间的截面配筋。

二、训练目的

熟悉梁结构施工图识读方法，掌握梁结构施工图的正确识读。

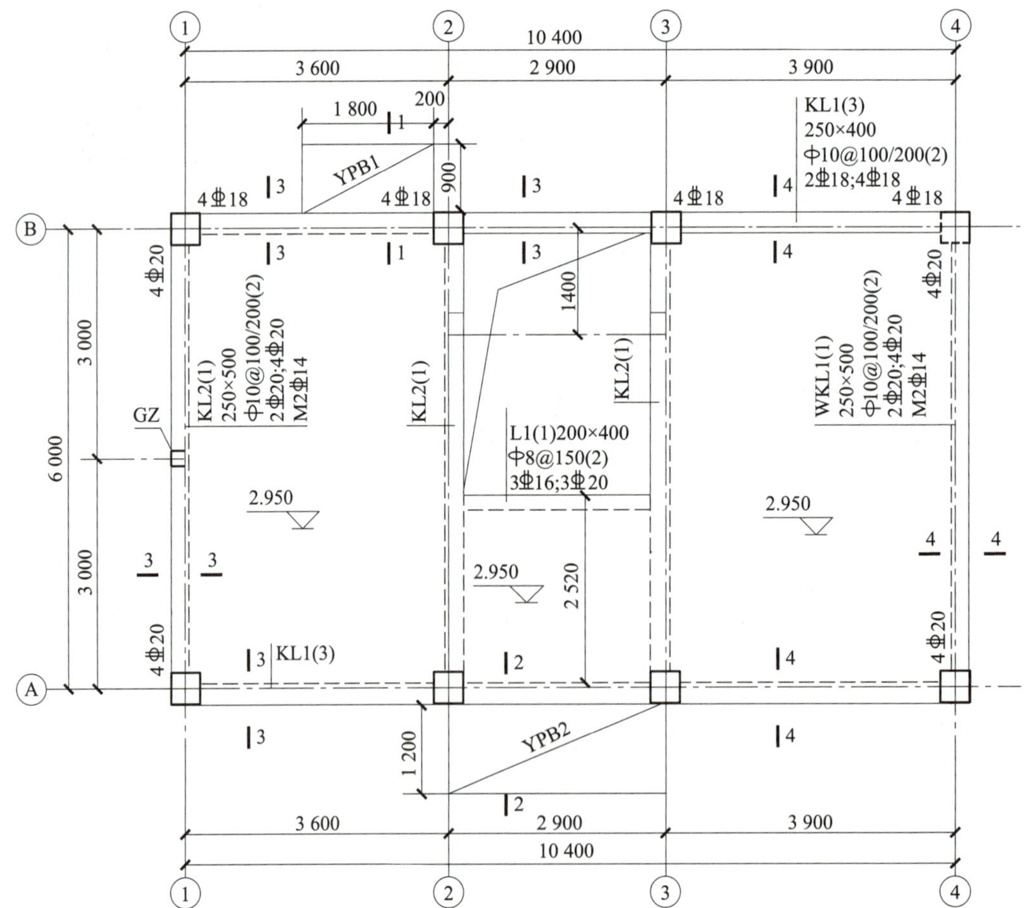

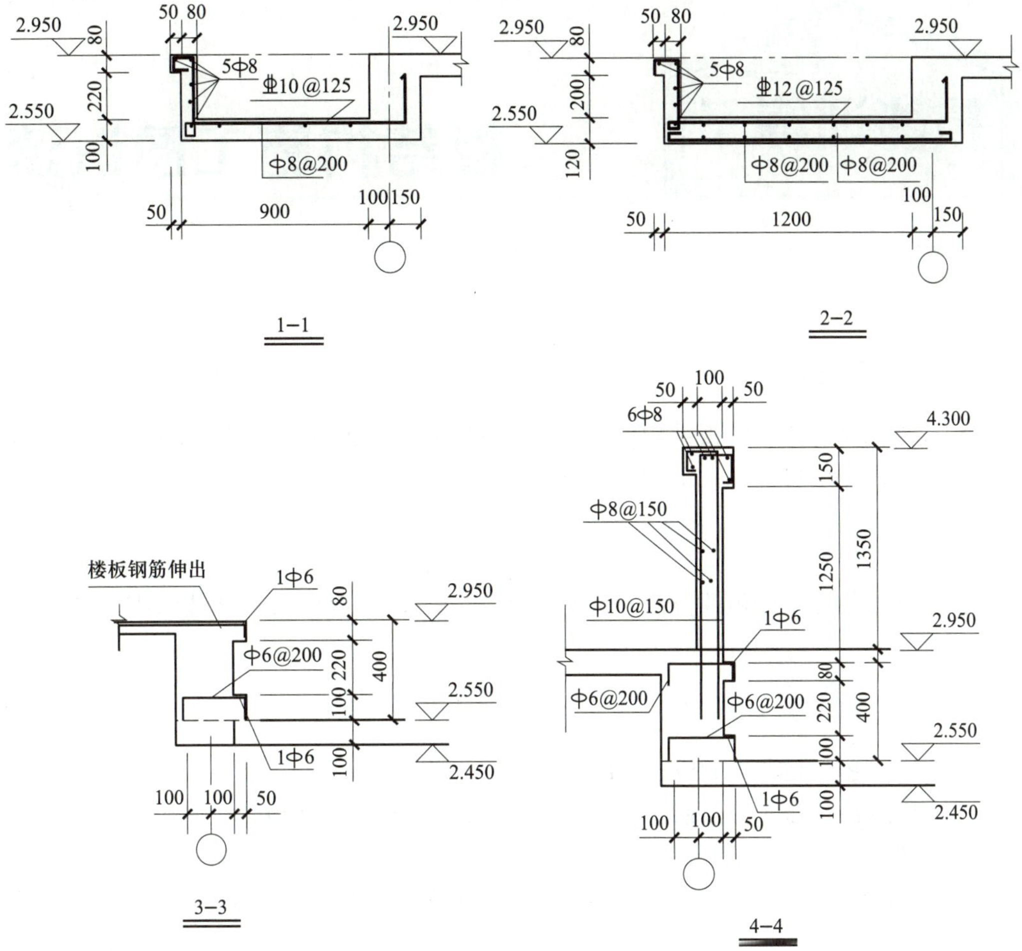

图 6-1　梁结构施工图

三、训练内容

1. 识读 L1、KL1、KL2 的位置、尺寸及数量。

2. 识读 L1、KL1、KL2 受力钢筋的类型、直径和根数，箍筋的类型、直径及支数。

3. 绘制 L1、KL1、KL2 支座、梁中间处截面配筋图。

4. 识读 YPB1、YPB2 受力钢筋的类型和间距。

5. 识读标高 2.950 m 处①轴号上Ⓐ ~ Ⓑ处造型外挑出部分的尺寸，及挑出部分的配筋。

6. 识读标高 2.950 m 处④轴号上Ⓐ ~ Ⓑ处女儿墙的高度，及女儿墙的配筋。

技能训练 7 板结构施工图识读

一、训练任务

识读如图 7–1 所示的板结构施工图，通过楼面板平法施工图的识读方法，识读板结构施工图，并绘制 LB1 ~ LB5 板的钢筋配筋图。

二、训练目的

熟悉板结构施工图识读方法，掌握原位注写的要求与标准，掌握板结构施工图的正确识读。

三、训练内容

1. 识读 LB1 ~ LB5 板的位置和数量。
2. 识读 LB1 ~ LB5 分布钢筋、受力钢筋的型号、直径和间距。
3. 计算②、③号钢筋长度。
4. 用 CAD 绘制 LB2、LB5 的配筋图，区分分布钢筋与受力钢筋，并标注钢筋的类型、间距和长度。

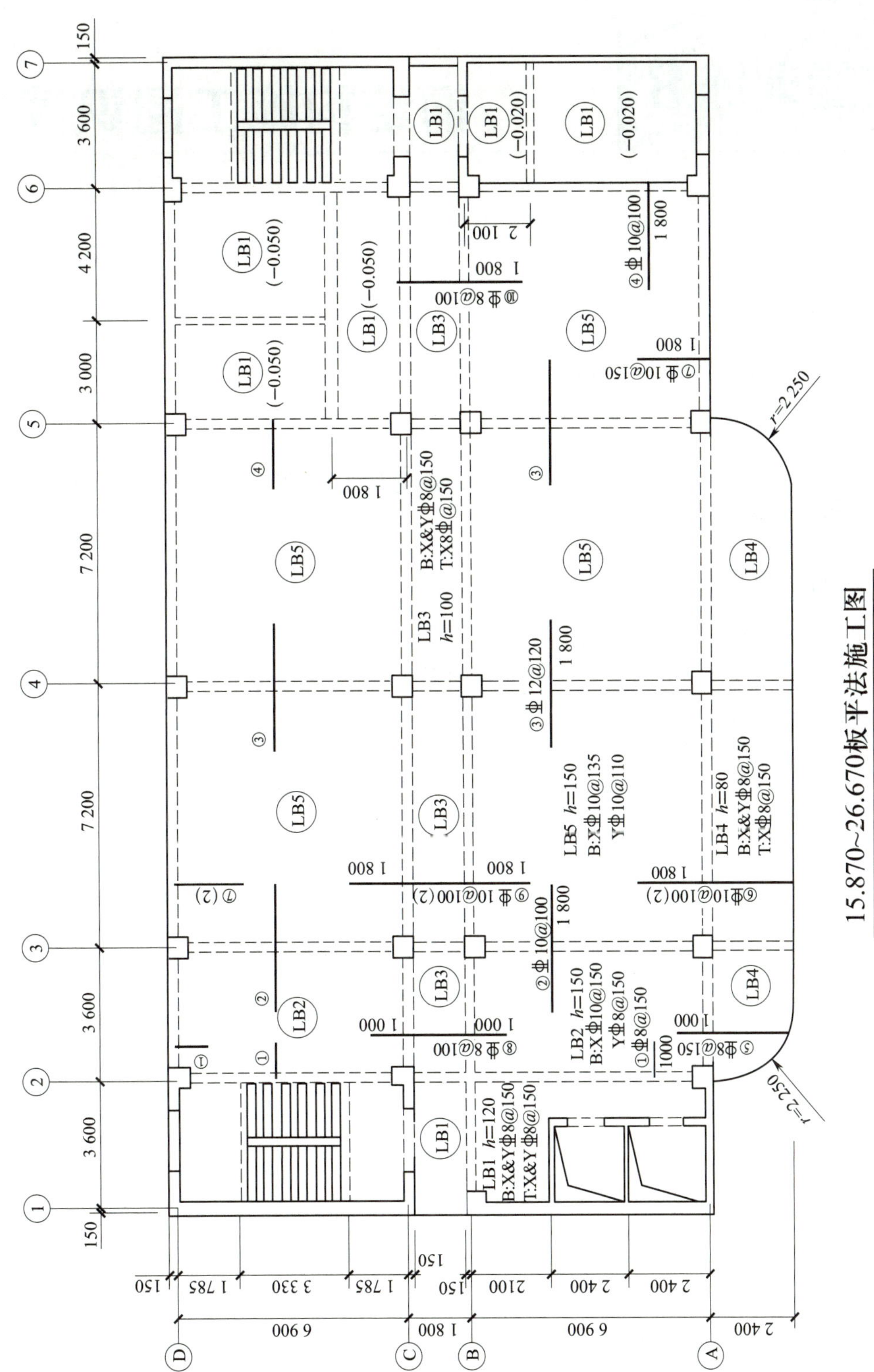

图 7-1　板结构施工图

技能训练 8 钢结构施工图识读

一、训练任务

对如图 8-1 所示的钢门梁结构施工图进行识读。

二、训练目的

熟悉钢结构施工图识读方法，掌握钢结构常见识图符号及其表达的意义，掌握钢结构施工图的正确识读。

三、训练内容

1. 识读柱、梁、斜梁整体尺寸。
2. 识读柱脚节点、梁柱节点、斜梁与柱的连接方式。
3. 识读柱、梁、斜梁型钢类型。
4. 识读牛腿的型钢类型、尺寸和标高。

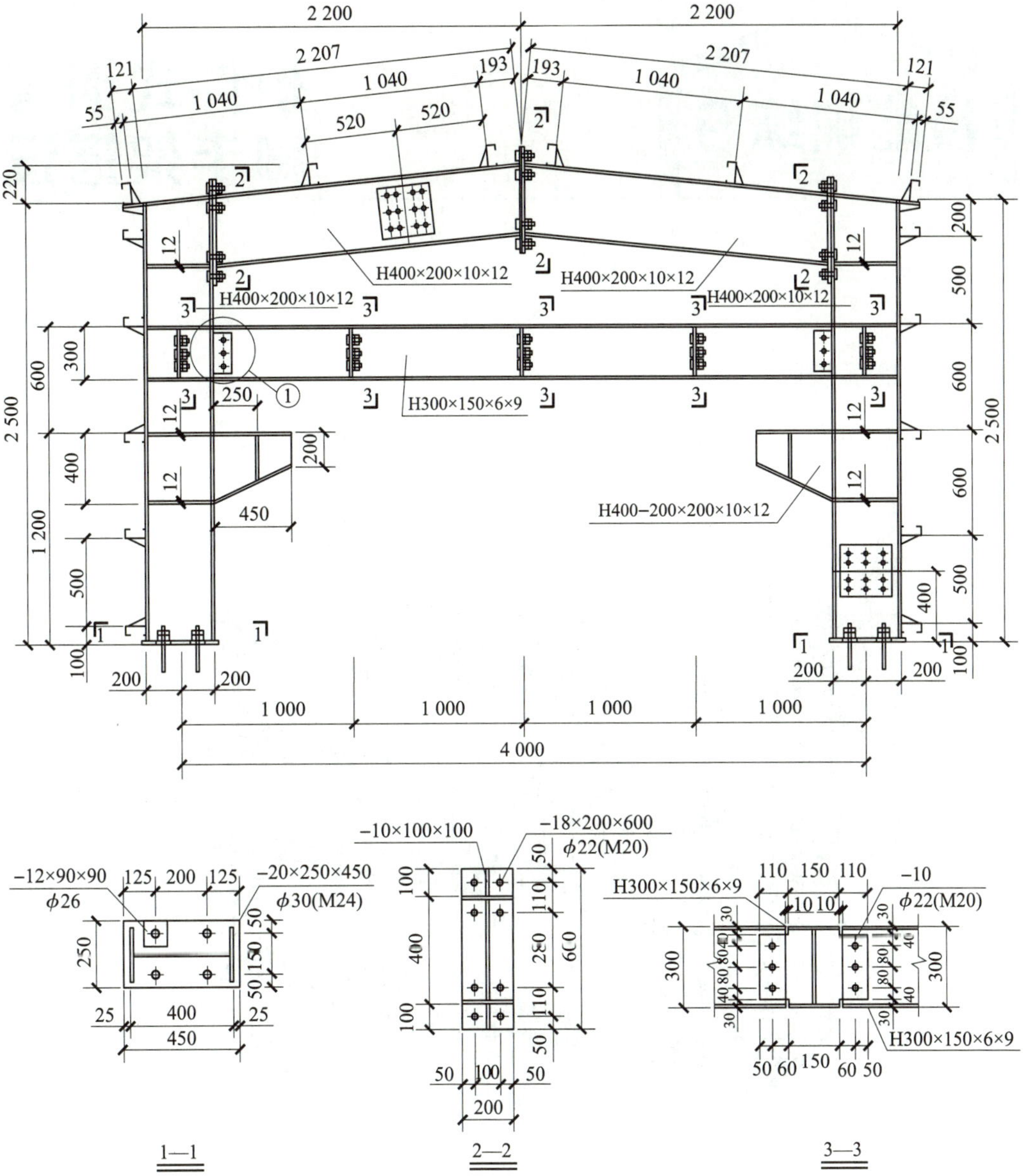

图 8-1　钢结构施工图

技能训练 9　扣件式钢管脚手架搭设

一、训练任务

以小组为单位，完成如图 9-1 所示外墙双排脚手架的搭设、安装及拆除。

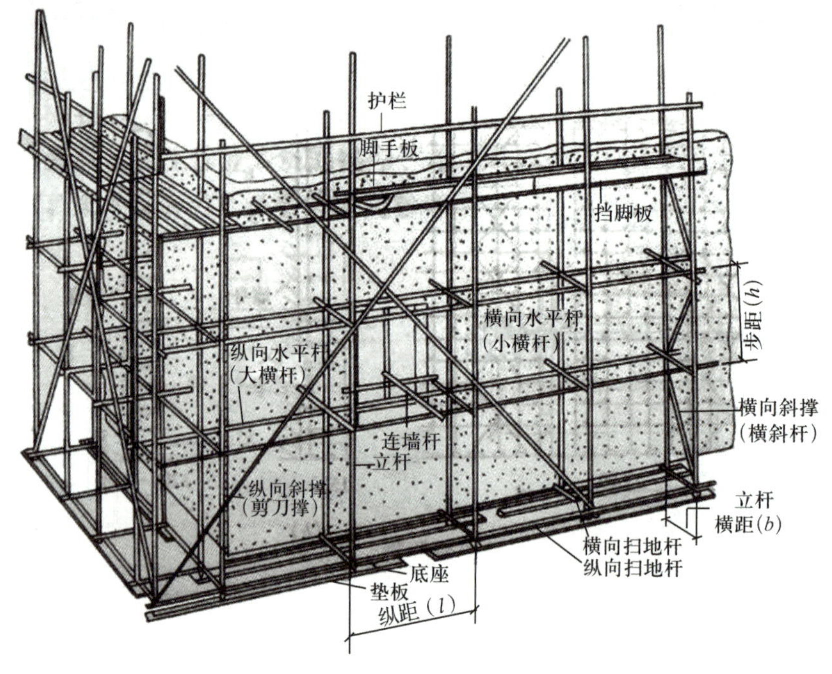

图 9-1　外墙双排脚手架

二、训练目的

熟悉架子工常用工具和设备的使用方法，了解双排脚手架的结构构造，熟练掌握架子工基本操作方法，掌握架子工施工操作流程与安全操作知识。

三、训练准备

1. 材料准备

（1）钢管。脚手架采用直径 48 mm 的钢管，壁厚 3.5 mm，横向水平杆最大长度 2 200 mm，其他杆最大长度 6 500 mm，且每根钢管最大质量应不大于 25 kg。

（2）扣件。扣件式钢管脚手架采用锻铸铁制作的扣件，其材质应符合国家标准《钢管脚手架扣件》（GB/T 15831—2023）规定；采用其他材料制作的扣件，应经试验证明其质量符合该标准的规定后方可使用。

脚手架采用的扣件，在螺栓拧紧扭矩达 6.5 N · m 时，不得发生破坏。

2. 机具准备

需要准备的机具包括梅花扳手、钢卷尺、力矩扳手等。

3. 安全措施

（1）搭设脚手架必须按规范进行，要求横平竖直，连接牢固，底脚着实，层层拉结，支撑挺直，畅通平坦，设施齐全、牢固。

（2）架子工必须严格按专项施工方案及操作规程的要求搭设作业，在搭设中要正确佩戴和使用劳动保护用品。

（3）脚手架不得钢、竹混搭；主要受力杆件，如立杆、大横杆、小横杆和剪刀撑等，在同一建筑立面必须使用同一材质的材料。

（4）搭设用钢管和扣件必须符合国家标准，禁止使用有严重锈蚀、弯曲变形或有裂纹的钢管，也禁止使用脆裂、变形、滑丝的扣件。

（5）脚手架内立杆与外墙面间须按规定进行防护。脚手架上人斜道应有独立的支撑系统，转角休息平台应不小于 2 m^2，斜道坡度不得大于 1∶3，防滑条的间距不得大于 30 cm。

（6）钢管脚手架立杆的底脚应垂直稳放在混凝土垫块或混凝土硬化地基上，并设纵、横向扫地杆。

（7）脚手架两端、转角处及外侧的剪刀撑必须接续到位，拉结点构造和数量须符合要求。

（8）设置的立杆应等距，纵向间距不得大于 1.8 m。脚手架离墙面不宜大于 20 cm；大于 20 cm 的，必须采取隔离措施。

（9）脚手架主要杆件的接长点必须错开；钢管剪刀撑的接长处必须搭接，其搭接长度不得小于 50 cm。

（10）脚手架的顶端必须按规程要求封顶；里立杆应低于檐口 50 cm，外立杆应高出檐口 1 m。脚手架的外侧，自第二步起，必须每步设 1.2 m 高的防护栏杆和 30 cm 高的挡脚杆；顶排的扶手栏杆不得少于 2 道，高度分别为 1.2 m 和 1.8 m。

（11）脚手架与各类输电线路的距离必须符合规定的安全距离，否则必须采取必要的安全防护措施。搭设和拆除架体时，必须注意安全，谨防杆件碰及高压线后伤人。

（12）操作面高于 2 m 的里脚手架的安全防护、强度、刚性和稳定性必须同样符合有关要求。

（13）脚手架必须有良好的避雷接地装置，接地电阻不大于 10 Ω。

四、训练流程要点

1. 双排扣件脚手架工艺流程

双排扣件脚手架工艺流程如图 9–2 所示。

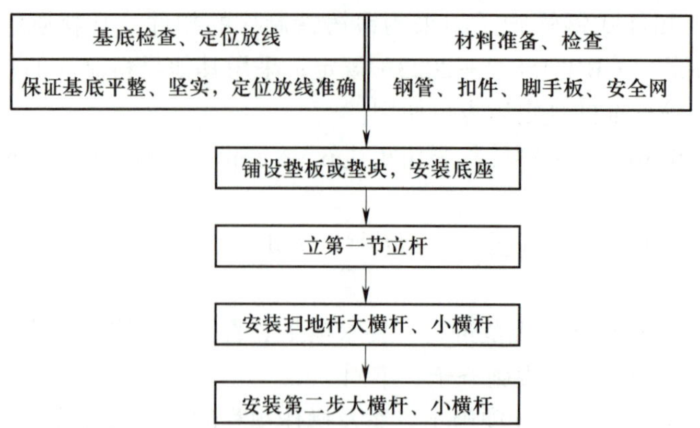

图 9–2　双排扣件脚手架工艺流程

2. 操作要点

（1）地基与基础。在软土地基上搭设脚手架施工应注意的主要问题是防止或减少地基沉陷。软土地基处理措施包括清表，排除地表水，填平凹坑，将原地基 30 cm 进行灰土处理，再在上铺砂垫层。其中砂垫层必须冲水压实，压实度满足要求后，方可搭设支架。脚手架底座底面标高宜高于自然地坪 50 mm。脚手架基础经验收合格后，应按要求放线定位。

（2）搭设。

1）本技能训练的脚手架步距、纵距、横距分别为 1.2 m、0.9 m 和 0.6 m。每搭完一步脚手架，应校正步距、纵距、横距及立杆的垂直度。

2）底座安放应符合下列规定：

①底座、垫板均应准确地放在定位线上。

②垫板应采用 1.8 m × 0.15 m × 0.25 m 的枕木。

3）立杆搭设应符合下列规定：

①严禁将外径为 48 mm 与外径为 51 mm 的钢管混合使用。

②立杆接长除顶层顶步可采用搭接外，其他各层各步接头必须采用对接扣件连接。相邻立杆的对接扣件不得在同一高度内，且应符合下列规定：

两根相邻立杆的接头不应设置在同步内，同步内隔一根立杆的两个相隔接头在高度方向错开的距离不宜小于 500 mm；各接头中心至主接点的距离不宜大于步距的 1/3。

搭接长度不应小于 1 m，应采用不少于 2 个旋转扣件固定，端部扣件盖板的边缘至杆端距离不应小于 100 mm。

开始搭设立杆时，应每隔 6 跨设置一根抛撑，直至支架安装稳固后，方可根据情况拆除。

4）纵向水平杆搭设应符合下列规定：

①纵向水平杆宜设置在立杆内侧，其长度不宜小于 2.7 m。

②纵向水平杆接长宜采用对接扣件，也可采用搭接。纵向水平杆的对接扣件应交错布置，各接头至最近主接点的距离不宜大于 30 cm。搭接长度不应小于 1 m，应等间距设置 3 个旋转扣件固定，端部扣件盖板的边缘至杆端距离不应小于 100 mm。纵向水

平杆应作为横向水平杆的支座，用直角扣件固定在立杆上。

③在封闭型脚手架的同一步中，纵向水平杆应四周交圈，用直角扣件与内外角部立杆固定。

5）横向水平杆搭设应符合下列规定：

①主接点必须设置一根横向水平杆，用直角扣件扣接且严禁拆除。主接点处两个直角扣件的中心距离不应大于 150 mm。

②作业层上非主接点处的横向水平杆，宜根据支承木方需要等间距设置，最大间距不应大于 45 cm。

6）脚手架必须设置纵、横向扫地杆。如图 9–3 所示，纵向扫地杆应采用直角扣件固定在距底座上皮不大于 200 mm 处的立杆上。横向扫地杆也应采用直角扣件固定在紧靠纵向扫地杆下方的立杆上。当立杆基础不在同一高度时，必须将高处的纵向扫地杆向低处延长两跨与立杆固定，高低差不应大于 1 m。

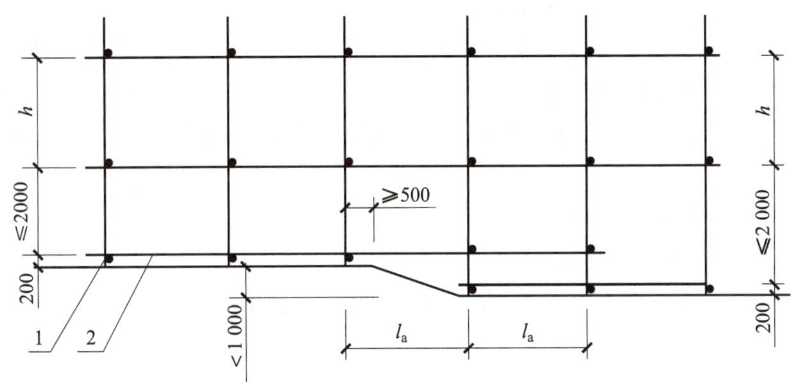

1—横向扫地杆；2—纵向扫地杆。

图 9–3　纵、横向扫地杆构造

7）剪刀撑、横向斜撑等的搭设应符合下列规定：

①每道剪刀撑宽度不应小于 3.6 m，斜杆与地面倾角宜为 45°～60°，剪刀撑与地面倾角有 45°、50°、60°，剪刀撑跨越立杆的最多根数为 7、6、5。

②高度在 24 m 以下的脚手架必须在外侧立面的两端各设置一道剪刀撑，并应由底至顶连续设置；中间各道剪刀撑之间的净距不应大于 15 m。高度在 24 m 以上的脚手架应在外侧整个立面的整个长度和高度上连续设置剪刀撑。

③剪刀撑、横向斜撑应随立杆、纵向和横向水平杆等同步搭设，各底层斜杆下端均必须支撑在垫块或垫板上。

8）扣件安装应符合下列规定：

①扣件规格必须与钢管外径相同。

②螺栓拧紧力矩应不小于 40 N·m，且应不大于 65 N·m。

③在主节点处用于固定纵向和横向水平杆、剪刀撑、横向斜撑等的直角扣件的中心点，其相互距离不应大于 150 mm。

④对接扣件的开口应朝上或朝内。

9）作业层、斜道的栏杆和挡板的搭设应符合下列规定：

①栏杆和挡板均应搭设在外立杆的内侧。

②上栏杆的上皮高度应为 1.2 m。

③挡脚板高度不应小于 180 mm。

④中栏杆应居中设置。

（3）拆除。

1）拆除脚手架前的准备工作应符合下列规定：

①应全面检查脚手架的扣件连接、支撑体系等是否符合构造要求。

②应根据检查结果补充完善施工组织设计中的拆除顺序和措施，经主管部门批准后方可实施。

③应清除脚手架上杂物及地面障碍物。

2）拆除脚手架时，应符合下列规定：

①拆除作业必须由上而下逐层进行，严禁上下同时作业。

②当脚手架拆至下部最后一根长立杆（其高度约 6.5 m）时，应先在适当位置搭设临时抛撑加固后，再拆除连墙件。

③当脚手架采取分段、分立面拆除时，对不拆除的脚手架两端，应先加设连墙件及横向斜杆加固。

3）卸料时应符合下列规定：

①各构配件严禁抛至地面。

②运至地面的构配件应及时检查、整修与保养，并按品种、规格随时码堆存放。

五、训练质量检验

架子工操作训练质量检验见表 9–1。

表 9–1　架子工操作训练质量检验

序号	验收细节	确认后打“√”	
1	脚手架所使用的材料质量是否合格	是	否
2	铁丝捆扎脚手板时是否使用直径 1.6 mm 铁丝双股捆紧，铁丝捆扎毛竹片时是否使用直径 1.2 mm 铁丝双股捆紧	是	否
3	立杆间距是否小于 2.5 m，层高是否小于 2 m；全高的最大偏差是否小于 100 mm	是	否
4	小横杆是否搭在大横杆上面，剪刀撑、斜撑、抛撑是否具备；扣件是否卡在立杆上，是否搭设加强杆	是	否
5	高度超过 6 m 的架子，立杆是否用抛撑加固，抛撑与立杆之间距地面 200 mm 至 500 mm 处是否设加强杆	是	否
6	是否搭设双护栏	是	否

续表

序号	验收细节	确认后打“√”	
7	凹型舱壁的探头桥板是否用管子压牢	是	否
8	护栏的扣件是否卡在立杆上且卡紧，每个扣件螺丝是否上紧	是	否
9	搭设的钢丝绳每端是否用两个绳卡卡紧，中间禁止卡在扣件上	是	否
10	是否在每隔 6 m 高度位置搭设休息平台	是	否
11	架子每层是否搭设爬梯，大舱是否搭设斜爬梯；直爬梯是否错开设置，捆扎是否牢固，梯子口是否有护栏，钢丝绳是否设置在护栏下方，梯子上端是否超出平面 500 mm 以上	是	否
12	相邻两立杆接头是否错开 500 mm 以上	是	否
13	上下大横杆是否错开 500 mm 以上	是	否
14	特涂脚手架的脚手管与钢质脚手板间是否垫有胶皮	是	否
15	桥板铺设是否采用阶梯压叠方法，伸出支点部分是否大于 125 mm，重合部分是否超出 250 mm，桥板是否平行铺设，间隙是否小于 50 mm，每块桥板是否四点捆紧	是	否
16	毛竹片铺设两边重叠是否大于 50 mm，是否用直径 1.2 mm 铁丝四处封固在横杆上	是	否
17	是否保证安全通道畅通	是	否

普通多孔砖墙体砌筑操作

一、训练任务

以 2 ~ 3 人为一个小组，按施工规范要求及质量标准在规定时间内完成如图 10–1 所示混水砖墙的砌筑。

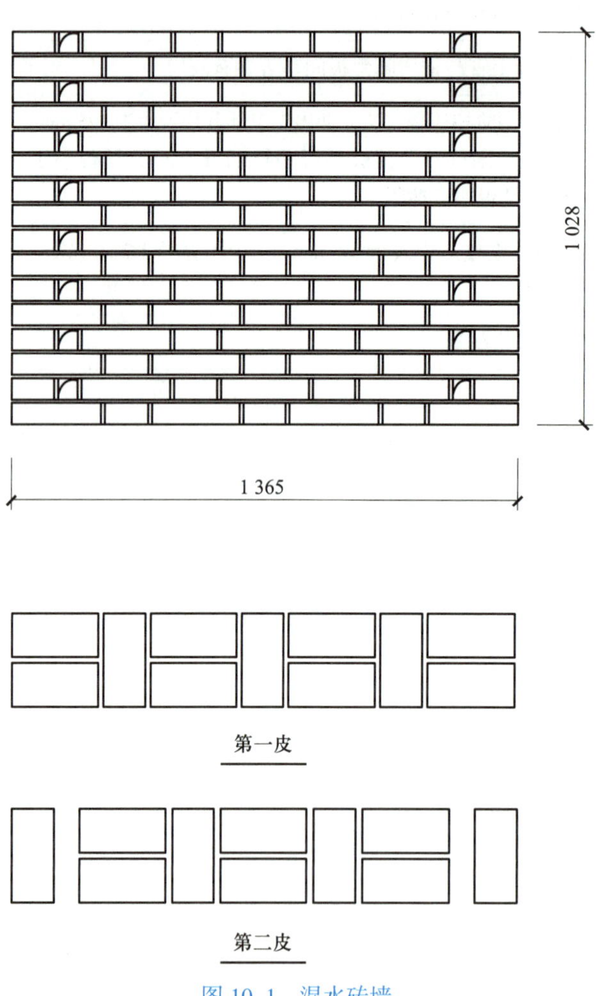

图 10–1　混水砖墙

二、训练目的

熟悉常用砌筑工具和设备的使用方法，熟练掌握基本砌筑操作方法与工艺要求，掌握砌筑工安全操作知识，掌握砌体质量检验的方法。

三、训练准备

1. 材料准备

（1）砖：砖的品种、强度等级须符合设计要求，并应规格一致，且有出厂证明、试验单。

（2）水泥：一般采用 32.5 级矿渣硅酸盐水泥或普通硅酸盐水泥。

（3）砂：应采用过 5 mm 孔径筛的中砂。配制 M5 以下的砂浆，砂的含泥量不超过 10%；配制 M5 及以上的砂浆，砂的含泥量不超过 5%，并不得含有草根等杂物。

（4）掺和料：包括石灰膏、粉煤灰和磨细生石灰粉等，生石灰粉熟化时间不得少于 7 d。

2. 机具准备

大铲、刨锛、线锤、靠尺、钢卷尺、灰桶等。

3. 安全措施

（1）砌砖使用的工具应放在稳妥的地方。砍砖应面向墙面，工作完毕后应将架板上的碎砖、灰浆清扫干净，防止掉落伤人。

（2）砌筑需要使用临时脚手架时，必须有牢固支架，架板应采用长 2 ~ 4 m、宽 30 cm、厚 5 cm 的杉木跳板或竹跳板，垫砖不得超过 3 块。

（3）砌筑操作时，架板上堆砖不得超过 3 皮。砌筑与装修时使用板不得同时由两人或两人以上操作。工作完毕后必须清理架板上的砖、灰和工具。

（4）严禁站在墙顶上进行砌砖、勾缝、清洗墙面及检查四大角等工作。

（5）搬运石块时，必须拿稳、放牢，防止伤人。

（6）砖墙（柱）日砌高度不宜超过 1.8 m，毛石日砌高度不宜超过 1.2 m。

四、训练流程要点

1. 工艺流程

砌筑工操作的工艺流程如图 10–2 所示。

2. 操作要点

（1）砖浇水。黏土砖必须在砌筑前一天浇水湿润，一般以水浸入砖四边 10 ~ 15 mm 为宜，含水率应达到 10% ~ 15%，常温施工不得用干砖上墙。雨期不得使用含水率达饱和状态的砖砌墙。冬期浇水有困难时，必须适当增大砂浆稠度。

（2）拌制砂浆。砂浆配合比应采用质量比，计量精度：水泥为 ± 2%，砂、灰膏控制在 ± 5% 以内。砂浆宜用机械搅拌，搅拌时间不少于 1.5 min。

（3）确定组砌方法。砌体一般采用一顺一丁（满丁、满条）、梅花丁或三顺一丁的砌法，砖柱不得采用先砌四周后填心的包心砌法。

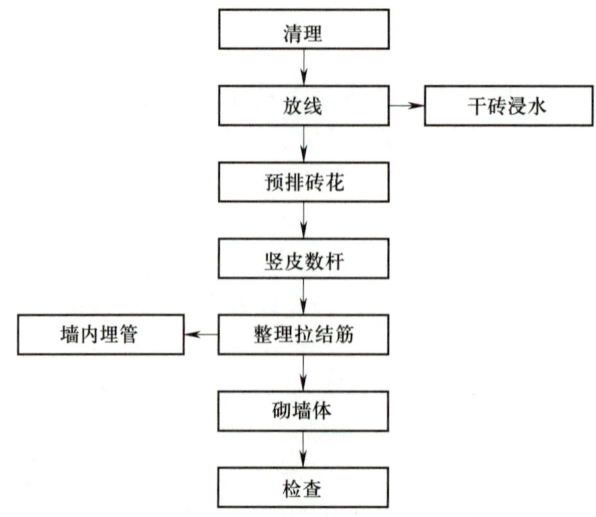

图 10–2　砌筑工操作工艺流程

（4）排砖撂底。在弹好线的基础面上按组砌方式先用砖试摆，核对所弹出的墨线是否符合模数要求，以便借助灰缝调整，使砖的排列和砖缝宽度均匀合理。

（5）选砖。砌清水墙时应选择棱角整齐，无弯曲、裂纹，颜色均匀，规格基本一致的砖。敲击时声音响亮、焙烧过火变色、变形的砖可用在基础及不影响外观的内墙上。

（6）盘角。砌砖前应先盘角，每次盘角不宜超过五层，新盘的大角及时进行吊、靠，如有偏差要及时修整。盘角时要仔细对照皮数杆的砖层和标高，控制好灰缝大小，使水平灰缝均匀一致。大角盘好后再复查一次，平整和垂直度完全符合要求后，再挂线砌墙。

（7）挂线。砌筑一砖半墙必须双面挂线，如果砌长墙时几个砌筑工均使用一根通线，中间应设几个支线点，小线要拉紧，每层砖都要穿线看平，使水平缝均匀一致、平直通顺。砌一砖厚混水墙时，宜采用外手挂线，确保砖墙两面平整，为下道工序控制抹灰厚度奠定基础。

（8）砌砖。砌砖宜采用“一铲灰、一块砖、一挤揉”的“三一”砌砖法，即满铺、满挤操作法。砌砖时砖要放平。否则，里手高，墙面就要张；里手低，墙面就要背。砌砖一定要跟线，“上跟线，下跟棱，左右相邻要对平”。水平灰缝厚度和竖向灰缝宽度一般为 10 mm，但不应小于 8 mm，也不应大于 12 mm。为保证清水墙面主缝垂直，不游丁走缝，当砌完一步架高时，宜每隔 2 m 水平间距，在丁砖立楞位置弹两道垂直立线，以分段控制游丁走缝。在操作过程中，要认真进行自检，如出现偏差，应随时纠正。严禁事后砸墙。清水墙不允许有三分头，不得在上部任意位置变活、乱缝。砌筑砂浆应随搅拌随使用，一般水泥砂浆必须在 3 h 内用完，水泥混合砂浆必须在 4 h 内用完，不得使用过夜砂浆。砌清水墙应随砌随划缝，划缝深度为 8 ~ 10 mm，深浅一致，墙面清扫干净。混水墙应随砌随将舌头灰刮尽。

3. 成品保护

（1）墙体拉结筋、抗震构造柱钢筋、大模板混凝土墙体钢筋及各种预埋件，暖卫、

电气管线等，均应注意保护，不得任意拆改或损坏。

（2）砂浆稠度应适宜，砌墙时应防止砂浆溅脏墙面。

（3）在吊放平台脚手架或安装大模板时，指挥人员和吊车司机要认真指挥和操作，防止碰撞已砌好的砖墙。

（4）在过道、进料口周围，应用塑料薄膜或木板等遮盖，以保持墙面洁净。

（5）尚未安装楼板或屋面板的墙和柱，当可能遇到大风时，应采取临时支撑等措施，以保证施工中墙体的稳定性。

五、训练质量检验

砌筑工操作训练质量检验见表 10–1。

表 10–1　　砌筑工操作训练质量检验

序号	项目		允许偏差 /mm	检验方法
1	轴线位置偏移		10	用经纬仪和尺检查，或用其他测量仪器检查
2	垂直度	每层	10	用 2 m 拖线板检查
		全高≤ 10 m		用经纬仪、吊线和尺检查，或用其他测量仪器检查
3	表面平整度	清水墙、柱	5	用 2 m 靠尺和楔形塞尺检查
		混水墙、柱	8	
4	水平灰缝平直度	清水墙	7	拉 10 m 线和尺检查
		混水墙	10	
5	清水墙游丁走缝		20	用吊线和尺检查，以每层第一皮砖为准

小型砌块墙体砌筑操作

一、训练任务

以 3 ~ 4 人为一个小组，按施工规范要求及质量标准在规定时间内完成如图 11-1 所示的小型砌块墙体的砌筑。

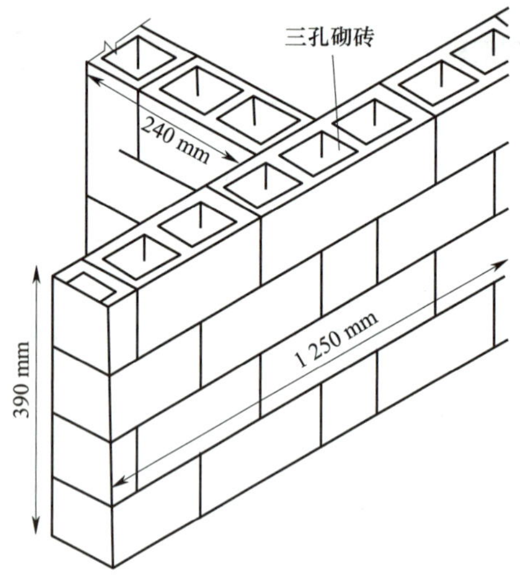

图 11-1　小型砌块墙体

二、训练目的

熟悉小型砌块墙体的砌筑方法，掌握小型砌块砌筑的安全操作知识，掌握小型砌块墙体质量检验的方法。

三、训练准备

1. 材料准备

（1）混凝土空心砌块：养护龄期不得低于 28 d，应有产品合格证和质量保证书，进场后应见证取样，进行强度等级、干燥收缩率、相对含水率检验。

（2）水泥：一般采用 32.5 级矿渣硅酸盐水泥或普通硅酸盐水泥。

（3）砂：应采用过 5 mm 孔径筛的中砂。配制 M5 以下的砂浆，砂的含泥量不超过

10%；配制 M5 及以上的砂浆，砂的含泥量不超过 5%，并不得含有草根等杂物。

（4）水：自来水或不含有害物质洁净水。

（5）掺和料：生石灰粉熟化时间不少于 7 d。不得使用脱水硬化的石灰，或采用粉煤灰等。

（6）外加剂：砂浆中掺入的早强剂、缓凝剂、防冻剂、塑化剂等应经检验和试配符合要求后再使用。有机的塑化剂应有砌体强度的形式检验报告。

2. 机具准备

柳叶铲、托尺、卷尺、皮数杆、木槽、小水桶、扫帚、水平尺、勾缝抹子、线、线坠等。

3. 安全措施

（1）严格执行施工安全操作规程，做好施工人员的入场教育，特殊工种（如电工、焊工、机工等）持证上岗。

（2）工程施工前，工长必须对操作工人进行书面的安全交底。

（3）所有进入施工现场的人员必须佩戴好安全帽，高空作业时要系好安全带。

（4）已经就位的砌块，必须立即进行竖缝灌浆；对稳定性较差的部位，应加临时稳定支撑，以保证其稳定性。

（5）在砌块砌体上，不宜拉缆风绳，不宜吊挂重物，也不宜作为其他临时施工设施的支撑点。如果确实需要，应采取有效的构造措施。

（6）经历大风、大雨、冰冻等异常天气之后，应检查砌体是否有垂直度的变化，是否产生了裂缝，是否有不均匀下沉等现象。

四、训练流程要点

1. 工艺流程

砌筑工操作的工艺流程为：砂浆制备→砌块排列→铺砂浆→砌块→校正→勾缝验口。

2. 操作要点

（1）砌筑砂浆拌制：应按设计强度等级进行试配。砂浆应有良好的和易性和保水性，稠度宜为 55 ± 5 mm，分层度不宜大于 20 mm。砂浆应采用机械搅拌。水泥砂浆和水泥混合砂浆搅拌时间不得少于 2 min，掺用外加剂和掺和料的砂浆不得少于 3 min。水泥砂浆和水泥混合砂浆应分别在拌和后 3 h 和 4 h 用完；施工期间若最高气温超过 30 ℃，则必须分别在 2 h 和 3 h 内用完。

（2）砌体必须反砌，应对孔错缝搭砌。个别情况当无法对孔砌筑时，小砌块的搭接长度不应小于 90 mm；当搭接长度不能保证时，应在缝中设置拉结网片，但通缝不得超过两皮小砌块。

（3）砌筑应从转角定位处开始，内外墙同时砌筑，纵横墙交错搭接。外墙转角处严禁留直槎，宜从两个方向同时砌筑。墙体临时间断处应砌成斜槎，斜槎长度不应小于高度的 2/3。如果砌成斜槎有困难，除墙转角处及抗震设防地区墙体临时间断处不应留直槎外，其余可从墙面伸出 200 mm 砌成阴阳槎，并沿墙高每三层小砌块（600 mm）设拉结筋及钢筋网片，接槎部位宜延至门窗洞口。

（4）承重墙构造柱与墙体连接处宜砌成马牙槎，马牙槎应先退后进，每皮设置。

（5）砌筑时灰缝应横平竖直。垂直灰缝宽度和水平灰缝厚度控制在 10 ± 2 mm，灰缝中有配筋时厚度为 15 mm。水平灰缝用坐浆法铺浆，可采用专用铺灰工具，防止灰浆落入砌块孔内，铺浆长度不得超过 800 mm；竖向灰缝宜采用平铺端面砂浆法（即将小砌块端面朝上铺满砂浆，挤紧，用木榔头敲实）。水平灰缝的砂浆饱满度不得低于 90%，垂直灰缝的砂浆饱满度不得低于 80%。砌筑中不得出现暗缝、透明缝，严禁用水冲浆灌缝。

（6）砌体内按一定皮数设置拉结网片或拉结筋，拉结网片或拉结筋必须放置于灰缝和芯柱内，不得错放、漏放，其外露部分不得随意弯折，并防止污染。

（7）需要移动已砌好的小砌块，应清除原有砂浆，重铺砂浆砌筑。砌筑找平时，严禁在灰缝中塞石子、木片等杂物。

（8）芯柱砌体在砌筑第一皮（带清扫孔的）小砌块时，宜在底部铺一层松散砂，以免黏结落入物。

（9）夹芯外墙体砌筑时，应先砌内承重墙片，后砌外护面墙片，外护面墙片可比内承重墙片低两皮小砌块高。边砌外护面墙片边插入保温材料，材料之间必须紧密衔接，并使拉结筋穿过。内外墙片之间的灰缝应随砌随刮平勾缝，严格防止砂浆、杂物落入两墙片的夹缝中。

3. 成品保护

（1）砌块在装运过程中，应轻装轻放，计算好各房间的用量，分别码放整齐。搭拆脚手架时，不要碰坏已砌墙体和门窗口角。

（2）落地砂浆及时清除，以免与地面黏结，影响下道工序施工。

（3）设备槽孔以预留为主，尽量减少剔凿，不得乱剔硬凿。可划准尺寸，用刀刃镂划。如造成墙体砌块松动，必须进行补强处理。

（4）装饰混凝土小砌块墙面应用塑料布对墙面进行保护，以防止上层砌筑时对下层造成污染。

五、训练质量检验

小型砌块墙体砌筑训练质量检验见表 11–1。

表 11–1　　小型砌块墙体砌筑训练质量检验

序号	项目			允许偏差 /mm	检验方法
1	轴线位移			10	用经纬仪和尺检查，或用其他测量仪器检查
2	垂直度	每层		5	用吊线法检查
		全高	≤ 10 m	10	用经纬仪或吊线和尺检查，或用其他测量仪器检查
			>10 m	20	

续表

序号	项目		允许偏差 /mm	检验方法
3	表面平整度	清水墙、柱	5	用 2 m 靠尺和楔形塞尺检查
		混水墙、柱	8	
4	水平灰缝平直度	清水墙 10 m 以内	7	拉 10 m 线和尺检查
		混水墙 10 m 以内	10	
5	水平灰缝厚度（连续 5 皮砖累计数）		± 10	用尺量测
6	垂直灰缝宽度（连续 5 皮砌块累计数），包括凹面深度		± 15	

技能训练 12 窗台砌筑操作

一、训练任务

以 3～4 人为一个小组，按施工规范要求及质量标准在规定时间内完成如图 12–1 所示的烧结普通砖窗台砌筑。

图 12–1 烧结普通砖窗台砌筑（出平砖）

二、训练目的

熟悉常用砌筑工具和设备的使用方法，熟练掌握窗台砌筑操作方法，掌握砌筑工安全操作知识。

三、训练准备

1. 材料准备

（1）砖：检查砖的规格、强度等级、品种等是否符合设计要求，并提前做好浇水润砖工作。

（2）水泥：一般采用 32.5 级矿渣硅酸盐水泥或普通硅酸盐水泥。

（3）砂：应采用过 5 mm 孔径筛的中砂。配制 M5 以下的砂浆，砂的含泥量不超过 10%；配制 M5 及其以上的砂浆，砂的含泥量不超过 5%，并不得含有草根等杂物。

（4）掺和料：包括石灰膏、粉煤灰和磨细生石灰粉等，生石灰粉熟化时间不得少

于 7 d。

（5）其他材料：如拉结筋、预埋件、木砖、防水粉（防水剂）等，均应检查其数量、规格是否符合要求。

2. 机具准备

大铲、刨锛、线锤、靠尺、钢卷尺、灰桶等。

3. 安全措施

（1）砌砖使用的工具应放在稳妥的地方。砍砖应面向墙面，工作完毕后应将架板上的碎砖、灰浆清扫干净，防止掉落伤人。

（2）砌筑需要使用临时脚手架时，必须有牢固支架，架板应采用长 2 ~ 4 m、宽 30 cm、厚 5 cm 的杉木跳板或竹跳板，垫砖不得超过 3 块。

（3）砌筑操作时，架板上堆砖不得超过 3 皮。砌筑与装修时板上不得同时有两人或两人以上操作。工作完毕后必须清理架板上的砖、灰和工具。

（4）正确使用脚手架。无论是单排或双排脚手架，其承载能力都是 2 700 N/m^2，一般在脚手架上不得堆放超过三层砖。操作人员不能在脚手架上嬉戏，不得多人集中在一起，不得坐在脚手架栏杆上休息，发现有脚手板损坏要及时更换。

（5）严禁站在墙上工作或行走，工作完毕后应将墙上脚手架上的多余材料、工具清理干净。在脚手架上砍凿砖块时，应面对墙面，把砍下的砖块碎屑随时填入墙内使用，或集中在容器内运走。

（6）门窗的支撑和拉结条应固定在楼面上，不得拉在脚手架上。

四、训练流程要点

1. 抄平：砌砖前在基础防潮层或楼面上，按设计标高，用水准仪对各墙转角处和纵横相接处进行抄平，设置标高的标识，然后用 M7.5 混合砂浆或 C20 细石混凝土找平，以保证底层平整且标高符合规定。

2. 弹线：按照图纸上墙体的尺寸，在基础顶面上用墨线弹出墙的轴线、墙的宽度及门洞口位置线。

3. 摆样砖（铺地）：在弹好线的基面上，按组砌形式，先用砖块试摆，核对所弹出的门洞位置线、窗口等处的墨线是否符合砖的模数要求，以便对灰缝进行调整，使砖块的排列和砌体灰缝均匀、组砌得当。

4. 现场砌筑砂浆应随拌随用，水泥砂浆和水泥混合砂浆必须分别在拌成后 3 h、4 h 内使用完毕；当施工期间最高气温超过 30 ℃时，必须分别在拌成后 2 h、3 h 内使用完毕。

5. 砂浆拌成后和使用时均应盛入存灰器中，如砂浆出现泌水现象，应在砌筑前再次拌和。

6. 砌块的垂直灰缝厚度以 10 ~ 12 mm 为宜，不得大于 15 mm，也不得小于 8 mm；水平灰缝厚度可根据墙体与砌块高度确定。灰缝要求横平竖直，砂浆饱满且密实，严禁出现有透明缝、瞎缝、假缝现象。

7. 当墙砌到接近窗洞口标高时，如果窗台是用眠砖挑出的，则在窗洞口下皮开始砌窗台；如果窗台是用侧砖挑出的，则在窗洞口下两皮开始砌窗台。砌之前按图样把窗洞口位置在砖墙面上划出分口线，砌砖时砖应砌过分口线 60 ~ 120 mm，挑出墙面 60 mm，出墙砖的立缝要打碰头灰。

窗台砌虎头砖时，先把窗台两边的两块虎头砖砌上，用一根小线挂在它的外角上，线的两端固定，作为砌虎头砖的准线，挂线后把窗台的宽度量好，算出需要的砖数和灰缝的大小。虎头砖向外砌成斜坡，在窗口处的墙上砂浆应铺得厚一些，一般里面比外面高出 20 ~ 30 mm，以利于泄水。其操作方法是把灰打在砖中间，四边留 10 mm 左右，一块一块地砌。砖要充分润湿，灰缝要饱满。如为清水窗台，砖要认真进行挑选。

五、训练质量检验

砌筑工操作训练质量检验见表 12–1。

表 12–1　　砌筑工操作训练质量检验

<table>
<tr><th>序号</th><th colspan="2">项目</th><th>允许偏差 /mm</th><th>检验方法</th></tr>
<tr><td>1</td><td colspan="2">轴线位置偏移</td><td>10</td><td>用经纬仪和尺检查，或用其他测量仪器检查</td></tr>
<tr><td rowspan="2">2</td><td rowspan="2">垂直度</td><td>每层</td><td rowspan="2">10</td><td>用 2 m 拖线板检查</td></tr>
<tr><td>全高≤ 10 m</td><td>用经纬仪、吊线和尺检查，或用其他测量仪器检查</td></tr>
<tr><td rowspan="2">3</td><td rowspan="2">表面平整度</td><td>清水墙、柱</td><td>5</td><td rowspan="2">用 2 m 靠尺和楔形塞尺检查</td></tr>
<tr><td>混水墙、柱</td><td>8</td></tr>
<tr><td rowspan="2">4</td><td rowspan="2">水平灰缝平直度</td><td>清水墙</td><td>7</td><td rowspan="2">拉 10 m 线和尺检查</td></tr>
<tr><td>混水墙</td><td>10</td></tr>
<tr><td>5</td><td colspan="2">清水墙游丁走缝</td><td>20</td><td>用吊线和尺检查，以每层第一皮砖为准</td></tr>
</table>

柱钢筋的配置与绑扎

一、训练任务

以 2 ~ 3 人为一个小组，按施工规范要求及质量标准在规定时间内完成如图 13–1 所示钢筋混凝土柱（柱高 2.8 m）的钢筋配置和绑扎。

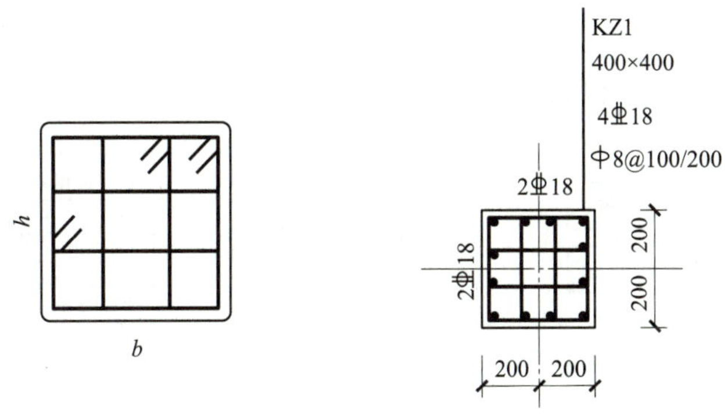

图 13–1　钢筋混凝土柱

二、训练目的

熟悉柱钢筋下料长度计算方法，熟悉常用钢筋加工与安装工具和设备的使用方法，熟练掌握钢筋工基本操作方法，掌握钢筋工安全操作知识。

三、训练准备

1. 材料准备

（1）钢筋：应有出厂合格证，并按规定做力学性能复试。当加工过程中发生脆断等特殊情况时，还需做化学成分检验。钢筋应无老锈及油污。

（2）成型钢筋：必须符合配料单的规格、尺寸、形状和数量。

（3）铁丝：可采用 20 ~ 22 号铁丝（或火烧丝）或镀锌铁丝（或铅丝），铁丝切断长度要满足使用要求。

（4）垫块：用水泥砂浆制成，50 mm 见方，厚度同保护层，垫块内预埋 20 ~ 22 号火烧丝，或用塑料卡、拉结筋、支撑筋。

2. 机具准备

钢筋弯曲机、钢筋切断机、钢筋钩子、撬棍、钢筋扳手、绑扎架、钢丝刷、粉笔、尺子等。

3. 安全措施

（1）搬运原材料、半成品、成品时，要注意前后左右是否有人，防止伤人。搬运带有弯钩的钢筋半成品时，要注意转弯，防止弯钩钩住电线、其他物品及人。

（2）钢筋、钢材、半成品等按规格品种分类堆放整齐，工作台要稳固，照明灯具应加网罩。

（3）各种钢筋机械应由熟悉机械构造、性能和操作方法的人员按规程操作。操作前应检查机械有无异常现象，且必须先运转正常再开始工作。操作过程中机械如需注油或检修，应停机并切断电源后进行。

四、训练流程要点

1. 工艺流程

钢筋工操作的工艺流程如图 13–2 所示。

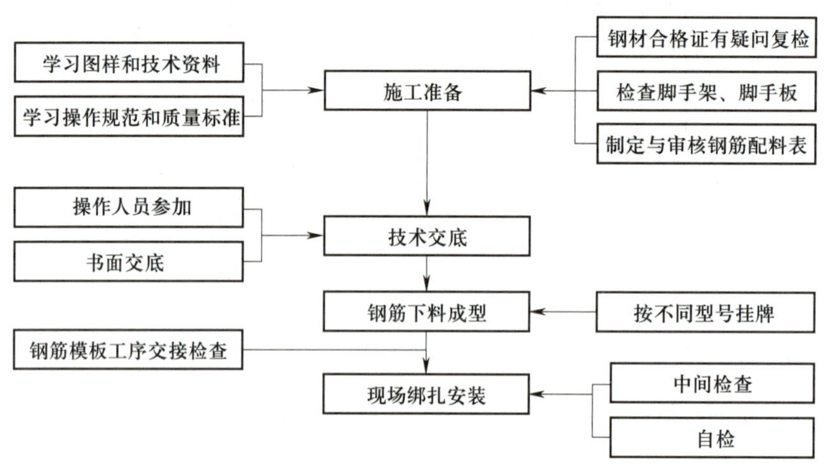

图 13–2　钢筋工操作的工艺流程

2. 操作要点

（1）钢筋下料长度计算：

直钢筋下料长度 = 构件长度 – 保护层厚度 + 弯钩增加长度

弯起钢筋下料长度 = 直段长度 + 斜段长度 – 弯曲调整值 + 弯钩增加长度

箍筋下料长度 = 箍筋周长 + 箍筋调整值 = 箍筋的外皮尺寸周长 +2× 弯钩增加长度 = 构件周长 –8× 混凝土保护层厚度 +2× 弯钩增加长度

（2）计算钢筋数量。按照施工图计算各种规格型号钢筋数量，提出数量清单。

（3）钢筋加工。

1）钢筋调直。钢筋应平直、无局部折曲，弯曲的钢筋应调直后使用。可采用冷拉法或调直机调直。冷拉法多用于较细钢筋的调直，调直机多用于较粗钢筋的调直。采用冷拉法调直时应匀速慢拉，钢筋的矫直伸长率为：HPB300 级钢筋不得超过 2%，HPB335 级、HPB400 级钢筋不得超过 1%。加工后的钢筋表面不应有削弱截面的伤痕。

2）钢筋除锈去污。钢筋加工前应清除钢筋表面的油渍、漆污、水泥浆，用锤敲击能剥落的浮皮、铁锈等。损伤和锈蚀严重的钢筋不得使用。可以在调直过程中除锈，还可以采用钢丝刷、盘砂除锈。

（4）钢筋下料。

1）下料前认真核对钢筋规格、级别及加工数量，无误后按配料单下料。

2）钢筋下料长度。钢筋因弯曲或弯钩影响长度，不能直接根据施工图下料时，必须按照混凝土保护层、钢筋弯曲、弯钩形式等，计算确定下料长度。

3）钢筋断料。根据施工图及规范要求，将同规格钢筋根据不同长度长短搭配，统筹排料，遵循先断长料、后断短料、减少断头、减少损耗的原则。断料时不用短尺量长料，防止在量料中产生累积误差，因此在工作台上标出尺寸刻度，并设置控制切断尺寸用的挡板。在切断过程中，如发现钢筋有劈裂、错头或严重的弯头时，必须切除。

（5）柱钢筋绑扎与安装。

1）柱的箍筋，除设计有特殊要求外，应与受力钢筋垂直设置；箍筋弯钩叠合处，应沿受力钢筋方向错开设置；箍筋转角处与纵向钢筋交叉点均应扎牢。绑扎箍筋时绑扣相应成八字形，扎丝一端均需弯向构件内部。

2）竖向钢筋的弯钩应朝向柱芯。柱中的竖向钢筋搭接时，角部钢筋的弯钩应与模板成 45°（多边形柱为模板内角的平分角，圆形柱则应与模板切线垂直），中间钢筋的弯钩应与模板成 90°。如采用插入式振捣器浇筑小型截面柱的，弯钩与模板的角度最小为 15°。

3）下层柱和钢筋露出楼面部分，宜用工具式柱箍将其柱筋固定，防止偏移，以利于上层柱的钢筋搭接。当柱截面发生变化时，其下层柱钢筋露出部分必须在绑扎梁的钢筋之前先行收缩。

4）框架梁、牛腿及柱帽等钢筋，应插在柱的竖向钢筋内侧。

3. 成品保护

（1）模板内涂抹隔离剂时不得污染钢筋。

（2）半成品钢筋进入绑扎现场前，做好防锈保护措施；有锈蚀的钢筋，在后台先进行清理，清理干净、经过预检以后，才可以进入绑扎现场。

（3）钢筋应一次绑扎到位；钢筋成型后，严禁蹬踏。

（4）废料、钢筋头要定点堆放，及时回收，不得有碍环境。

（5）施工机具和材料应在结束前清理。

五、训练质量检验

钢筋工操作训练质量检验见表 13-1。

表 13-1　　钢筋工操作训练质量检验

项目			允许偏差 /mm	检验方法
绑扎钢筋骨架	长		± 10	钢尺检查
	宽、高		± 5	钢尺检查
受力钢筋	间距		± 10	钢尺量两端、中间各一点
	排距		± 5	取最大值
	保护层厚度	基础	± 10	钢尺检查
		柱、梁	± 5	钢尺检查
		板、墙、壳	± 3	钢尺检查
绑扎箍筋、横向钢筋间距			± 20	钢尺量连接三档，取最大值
钢筋弯起点位置			20	钢尺检查

技能训练 14　梁模板的安装

一、训练任务

如图 14–1 所示，采用钢模板进行梁模板安装，梁的长度 2.4 m，梁模板的安装要求按施工规范及质量标准在规定时间内完成。

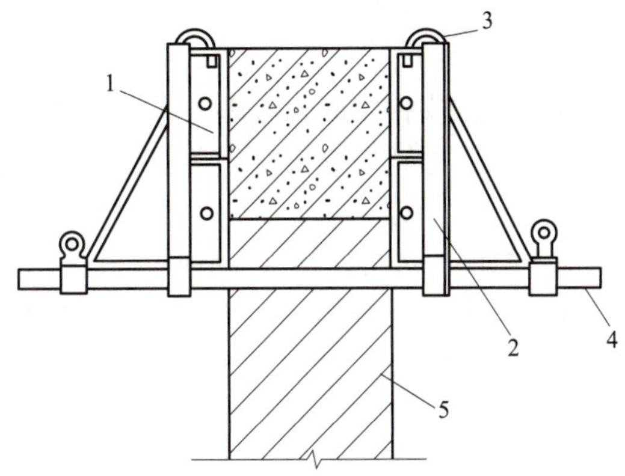

1—钢膜板；2—梁卡具；3—弯钩；4—圆钢管；5—砖墙。

图 14–1　梁模板的安装

二、训练目的

熟悉常用模板安装工具和设备的使用方法，熟练掌握梁模板安装与拆除的基本操作方法，掌握模板工安全操作知识，掌握模板安装工程质量检验方法。

三、训练准备

1. 材料准备

木板（厚度为 20 ~ 50 mm）、定型组合钢模板（长度为 600 mm、750 mm、900 mm、1 200 mm、1 500 mm，宽度为 100 mm、150 mm、200 mm、250 mm、300 mm）、阴阳角模、连接角模。

方木、木楔、支撑（木或钢），定型组合钢模板的附件（U 形卡、L 形插销、3 形扣件、蝶形扣件、对拉螺栓、钩头螺栓、紧固螺栓）、铁丝（12 号 ~ 14 号）、隔离剂等。

2. 机具准备

打眼电钻、扳手、钳子等。

3. 安全技术操作规程

（1）安装和拆除钢模板时，必须按规定使用劳动防护用品，严禁赤脚、穿拖鞋或硬底鞋。

（2）现场必须设置醒目的安全标识，并根据现场实际需要挂设安全网，搭设护栏、防护棚，布设交通通道。不得在模板的拉杆、支撑及外露拉条上攀登。

（3）禁止将安全带（绳）系在正在拆除的模板上，或将安全带（绳）钩挂在钢模板的中间肋条孔内，以防拉脱肋条而发生意外坠落。

（4）模板上如有预留洞，安装后应将洞口盖好，混凝土板上的预留洞应在拆模后随时将洞口盖好。井口、楼梯口等须及时设护栏防护。

（5）立模时如中途停歇，则应将支撑、搭头、底脚、临时拉条等固定牢靠。拆模间歇时，须将已松动的模板、支撑等拆除、运走并妥善堆放，以防因扶空、踏空而坠落。

（6）斜坡面立模时，模板必须支撑牢固，考虑人员站立等因素，谨防模板在支立过程中或浇筑混凝土时发生垮塌。悬臂面立模时，必须按设计要求和施工程序随时加拉条固定。

（7）拆除工程应自上而下按顺序进行，禁止上下同时拆除。

（8）模板安装应先内后外，拆卸时应按相反顺序进行。模板就位后应立即紧固。未装好紧固的模板不准自行摘钩和离人。

四、训练流程要点

1. 工艺流程

模板工操作的工艺流程如图 14–2 所示。

2. 操作要点

砖混结构中，梁柱混凝土应同步浇筑。因此，圈梁与构造柱应同步进行模板支设。支模前将构造柱、圈梁模板及板缝处杂物全部清理干净。

（1）构造柱模板。砖混结构的构造柱模板，可采用木模板或定型组合钢模板，可用一般的支模方法。为防止浇筑混凝土时模板膨胀，影响外墙平整，可用木模板或组合钢模板贴在外墙面上，并每隔 1 m 以内设两根拉条，拉条与内墙拉结，拉条直径应不小于 16 mm。拉条穿过砖墙的洞要预留，留洞位置要求距地面 30 cm 开始，每隔 1 m 以内留一道，洞的平面位置在构造柱大马牙槎以外一丁头砖处。

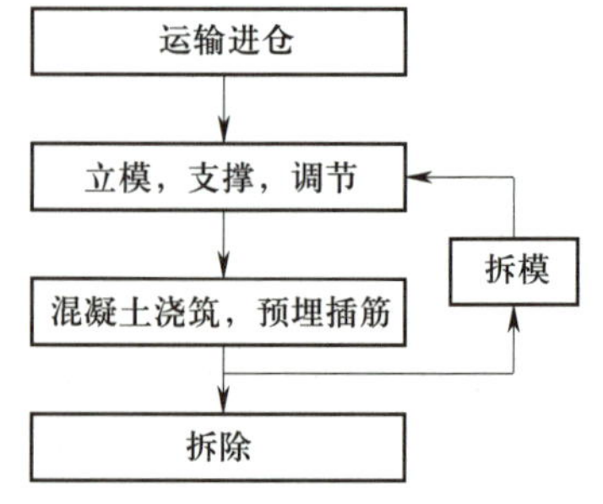

图 14–2　模板工操作的工艺流程

外砖内模结构的组合柱，用角模与大模板连接，在外墙处为防止浇筑混凝土挤胀变形，应进行加固处理，模板贴在外墙面上，然后用拉条拉牢。

外砖内模结构山墙处的组合柱，模板采用木模板

或组合钢模板，用斜撑支牢，根部应留置清扫口。

（2）圈梁模板。圈梁模板可采用木模板或定型组合钢模板上口弹线找平。

圈梁模板采用落地支撑时，下面应垫方木；当用木方支撑时，下面用木楔楔紧；当用钢管支撑时，高度应调整合适。

钢筋绑扎完成后，模板上口宽度进行校正，并用木撑进行定位，用铁钉临时固定。如采用组合钢模板，上口应用卡具卡牢，保证圈梁的尺寸。

砖混、外砖内模结构的外墙圈梁模板，用横带扁担穿墙，平面位置距墙两端 24 cm 开始留洞，间距 50 cm 左右。

（3）板缝模板。板缝宽度为 4 cm，可用 50 mm × 50 mm 方木或角钢做底模；大于 4 cm 者，应用木板做底模，宜伸入板底 5 ~ 10 mm 留出凹槽，便于拆模后顶棚抹砂浆找平。

板缝模板宜采用木支撑或钢管支撑，或采用吊杆方法。

支撑下面应采用木板和木楔垫牢，不准用砖垫。

五、训练质量检验

模板工操作训练质量检验见表 14–1。

表 14–1　模板工操作训练质量检验

序号	项目	允许偏差 /mm
1	两块模板之间拼接缝隙	≤ 2.0
2	相邻模板板面的高低差	≤ 2.0
3	组装模板板面的平整度	≤ 4.0（用 2 m 长平尺检查）
4	组装模板板面的长宽尺寸	+4，–5
5	组装模板两对角线长度差值	≤ 7.0（≤对角线长度的 1/1 000）

技能训练 15 钢筋混凝土楼板的浇筑

一、训练任务

以 3 ~ 4 人为一个小组，按施工规范要求及质量标准在规定时间内完成如图 15-1 所示 5 号钢筋混凝土楼板的浇筑。

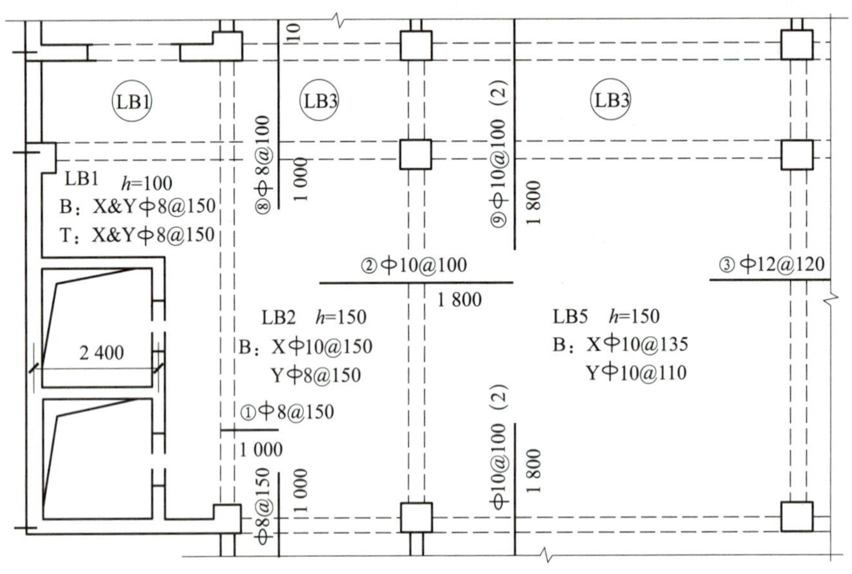

图 15-1 钢筋混凝土楼板

二、训练目的

熟悉常用混凝土施工机械设备的使用方法，掌握混凝土工程施工的主要施工工艺及施工方法，掌握混凝土工程的质量标准及检验方法。

三、训练准备

1. 材料准备

（1）水泥：32.5 级矿渣硅酸盐水泥，有出厂合格证及复试报告。

（2）砂：细砂，混凝土强度等级低于 C30 时含泥量不大于 5%，强度等级高于 C30 时含泥量不大于 3%。

（3）石子：粒径 16 ~ 30 mm，混凝土强度等级低于 C30 时含泥量不大于 2%，强度等级高于 C30 时含泥量不大于 1%。

（4）混凝土外加剂：FJ–1 泵送剂，应符合有关标准的规定，其掺量经试验符合要求后方可使用。

2. 机具准备

混凝土搅拌机、振捣器、混凝土泵。

3. 安全技术操作规程

（1）拌和机必须安置在稳固的地方，支架或支脚筒架稳，不准以轮胎代替支撑。

（2）拌和机的料斗升起时，严禁任何人在料斗下方通过或停留。工作完毕后应将料斗锁好，并检查一切保护装置。

（3）设备运转时，不准进行擦洗和清理。严禁人体伸入机械行程范围以内。

（4）处理故障或清理、保养时，应与操作台取得联系，切断相应位置的电路、气路，固定好搅拌筒。人进入筒内时，筒外应有专人监护。

（5）接到停止运行通知后，应检查各称斗、拌和机及集中斗是否仍有存料。如有存料，必须清除，并对拌和楼进行清理。

（6）生产结束后，应将控制台各按键、开关还原，切断操作台电源，通知停水、停风。

（7）经常检查成品混凝土质量，发现拌和过程中有超欠秤现象时，应及时加以调整；发现级配有问题时，应及时通知有关人员，以便更改。

（8）水泥螺旋提升机应经常检查保养，防止出现提升机机坑积水、皮带跑偏、翻斗拉断、螺旋机中间轴承磨损等情况。

（9）严格按照试验室所发的级配单拌料，若现场有特殊情况需改变级配，则必须经得试验室同意，收到试验室的更改级配单后方可拌料。

（10）拌和过程中若机械、电气设备出现故障，影响成品混凝土的质量，应保证不合格品不进入仓面。

（11）卸完混凝土后，自卸车斗应立即复原，不得边行走边落斗。

（12）自卸车箱内严禁载人。

（13）在平仓振捣过程中，要经常观察模板、支撑、拉结筋是否变形。如发现变形或有倒塌危险，应立即停止工作，并及时报告有关指挥人员。

（14）使用大型振捣器平仓时，不得碰撞横板、拉条、钢筋和预埋件，以防变形、倒塌。

（15）不得将运转中的振捣器放在模板或脚手架上。

（16）平仓、振捣时，仓内人员精神要集中，要互相关照。浇筑高仓位时，要防止工具和混凝土骨料掉落仓外，更不允许将大石块抛向仓外，以免伤人。

四、训练流程要点

1. 工艺流程

混凝土工程的工艺流程为：混凝土搅拌→场外混凝土运输→场内混凝土泵送→混凝土浇筑→混凝土振捣→混凝土养护。

2. 操作要点

（1）当梁高超过 1 m 时，梁板可以分开浇筑。本训练中，楼板的梁板应同时浇筑，浇筑方法为由一端开始用“赶浆法”，即先将梁根据梁高分层浇筑成阶梯形，当到达板底位置时，再与板的混凝土一起浇筑，随着阶梯形不断延长，梁板混凝土浇筑连续向前推进。

（2）如果是和板连成整体的大断面，允许将梁单独浇筑，其施工缝应留在板底以下 2 ~ 3 cm 处。浇捣时，浇筑与振捣必须紧密配合，第一层下料慢些，充分振实后再下第二层料。用“赶浆法”保持水泥浆沿梁底包裹石子向前推进，每层均应振实后再下料，梁底及梁侧部位要注意振实，振捣时不得触动钢筋及预埋件。

（3）梁柱节点钢筋较密时，浇筑此处混凝土时宜用细石子同强度等级混凝土浇筑，并用小直径振捣棒振捣。

（4）浇筑板的虚铺厚度应大于板厚，用插入式振捣器顺浇筑方向拖拉振捣，并用铁插尺检查混凝土厚度，振捣完毕后用长木抹子抹平。施工缝处或有预埋件及插筋处用木抹子找平。浇筑板混凝土时不允许用振捣棒铺摊混凝土。

（5）施工缝位置：沿着次梁方向浇筑楼板，施工缝应留置在次梁跨度的中间 1/3 范围内。施工缝的表面应与梁轴线或板面垂直，不得留斜槎。施工缝宜用木板或钢丝网挡牢。

（6）施工缝处须待已浇筑混凝土的抗压强度不小于 1.2 MPa 时，才允许继续浇筑。在继续浇筑混凝土前，施工缝混凝土表面应凿毛，剔除浮动石子，并用水冲洗干净后，先浇一层水泥浆，然后继续浇筑混凝土，此过程应细致操作振实，使新旧混凝土紧密结合。

五、训练质量检验

钢筋混凝土楼板浇筑操作训练质量检验见表 15–1。

表 15–1　钢筋混凝土楼板浇筑操作训练质量检验

序号	项目	质量标准
1	入仓混凝土料	无不合格料入仓。如有少量不合格料入仓，应及时处理至达到要求
2	平仓分层	厚度不大于振捣棒有效长度的 90%，铺设均匀、分层清楚，无骨料集中现象
3	混凝土振捣	振捣器垂直插入下层 5 cm，有次序，间距、留振时间合理，无漏振、无超振
4	铺筑间歇时间	符合要求，无初凝现象
5	浇筑温度（针对有温控要求的混凝土）	满足设计要求
6	混凝土养护	表面保持湿润，连续养护时间基本满足设计要求

续表

序号	项目	质量标准
7	砂浆铺筑	厚度宜为 2 ~ 3 cm，均匀平整，无漏铺
8	积水和泌水	无外部水流入，泌水排除及时
9	插筋、管路等埋设件及模板的保护	保护良好，符合设计要求
10	混凝土表面保护	保护时间、保温材料质量符合设计要求
11	脱模	脱模时间符合施工技术规范或设计要求

技能训练 16 编制框架结构钢筋混凝土工程施工方案

一、训练任务

以 2～3 人为一个小组，根据施工方案编制的内容提纲，参照施工规范要求及质量标准进行框架结构钢筋混凝土工程施工方案的编制。

二、训练目的

熟悉施工方案所包含的内容，掌握框架结构钢筋混凝土工程施工方案编制的方法。

三、训练准备

施工方案编制内容提纲如下：

1. 前言

（1）表述形式：1～2 段文字概述。

（2）内容提要。

1）现场勘查时间。

2）业主单位、施工单位、监理单位和设计单位。

3）建筑性质及类型（如办公楼、写字楼、住宅楼、别墅等）。

4）项目特点（选择性概述，如工程量大、施工难度高等）。

5）编制目的（简述，如为确保质量和工程进度等）。

2. 编制依据

（1）表述形式：开宗明义，分条列举。

（2）内容提要。

1）项目合同或达成的项目合作意向。

2）法律法规和规范条例。

3）施工工艺质量控制与质量标准、施工技术规范。

4）工程特点及现场勘查的实际情况。

3. 工程概况

（1）表述形式：分项列举。

（2）内容提要。

1）工程名称（建筑物名称 + 建筑玻璃隔热保温节能改造 + 工程）。

2）工程地点（省 + 市 + 县 + 区 + 路名 + 门牌号 + 楼号 + 单元号 + 居室牌号）。

（3）工程特点。

1）建筑结构（如塔楼、板楼、建筑物高度、屋面情况等）。

2）施工技术重点与要点。

3）外立面装饰（如广告牌、灯饰、阳台等）。

4）其他分项工程（如装饰、水电、暖通等）。

4. 工程内容

（1）表述形式：分段分项描述（若分项较多，可用图表表示）。

（2）内容提示。

1）作业对象情况（如位置、朝向等）。

2）作业位置（如内、外侧等）。

3）特殊部位应对措施。

5. 作业面积

（1）表述形式：分项描述（尽量使用图表表示）。

（2）内容提示。

1）混凝土浇筑总面积。

2）砌块总面积。

3）脚手架搭建总面积。

4）其他分项工程总面积（如墙面涂料、防水工程等）。

6. 施工环境

（1）表述形式：分段分项描述。

（2）项目及内容提示。

1）施工期间当地气象条件（如气温、湿度、风力、雨雪、雾霾等）。

2）建筑物周边环境（如有无影响施工的绿化带、停车场、道路、地下室等）。

7. 产品品种

（1）表述形式：分类分项描述（产品品种较多时可用图表表示）。

（2）项目及内容提示：使用的具体品种、使用部位等。

8. 施工工艺

（1）表述形式：分类分项描述。

（2）项目及内容提示：使用的具体工艺（按部位、施工工艺分类）。

9. 作业区

（1）表述形式：分段分项描述。

（2）项目及内容提示：各作业区情况分别描述。

10. 作业面

（1）表述形式：分段分项描述。

（2）项目及内容提示：作业区中各作业面情况分别描述。

11. 作业平台

（1）表述形式：分段分类描述。

（2）项目及内容提示：各作业面的作业平台分别描述。若项目较小且比较简单，作业区、作业面、作业平台可合并描写。

12. 组织机构

（1）表述形式：分项列举。

（2）项目及内容提示：项目部组织结构、岗位职责，按照《施工项目经理部职责》的要求编写。

13. 作业编组

（1）表述形式：原则上使用图表表示，内容过少、结构简单的可以使用文字描述。

（2）项目及内容提示：结构清晰，分类明确，人员配备合理；写明所有施工人员身份信息及作业人员构成。

14. 施工工期

简要描述工期起止日期、工期顺延条件等。

15. 进度安排

（1）表述形式：图表表示。

（2）项目及内容提示：结构清晰，分类明确，合理可行。项目较小的，可以和作业编组在一个图表中表示。

16. 物料供应

（1）表述形式：图表表示。

（2）项目及内容提示：参见下表。

表　　××工程物料供应表

序号	材料名称	单位	数量	规格/型号	2022 年				2023 年			
					第一季度	第二季度	第三季度	第四季度	第一季度	第二季度	第三季度	第四季度
1												
2												
3												
…												

17. 质量控制

（1）表述形式：分条列举。

（2）项目及内容提示。

1）质量标准：符合《作业质量控制标准》（以表格形式表示）。

2）质量保证措施：如技术质量交底、原材料质量、操作规程执行、工序检查等。

18. 施工安全

（1）表述形式：文字描述，分条列举。

（2）项目及内容提示。

1）安全管理目标："安全第一，预防为主"，杜绝伤亡事故发生。

2）施工安全保证措施：如建立项目经理负责制的安全施工管理，落实安全技术交底工作，执行特种作业人员持证上岗制度、安全检查监督制度等。

19. 环境保护

（1）表述形式：文字描述。

（2）项目及内容提示。

1）环境保护目标：杜绝环境污染，保护施工环境。

2）环境保护措施：如强化环保意识教育措施、垃圾收集处理措施、文明施工规范等。

20. 文明施工

（1）表述形式：文字描述。

（2）项目及内容提示：按照公司文明施工规定编写。

21. 注意事项

（1）表述形式：分条列举。

（2）项目及内容提示：如施工期间对业主的安全告知、养护和使用方法、个别情况需采取的特殊方法等。

22. 协助事项

（1）表述形式：文字描述，分条列举。

（2）项目及内容提示：如施工物料堆放场所、库房、水源、电源及业主方协调人员等需业主协助办理的事项。

四、训练流程要点

施工方案编制指南如下：

1. 编制目的

（1）制定合理的施工工艺、施工进度计划和有效的施工工序与方法，用于指导现场施工。

（2）制定组织机构与人员组成方案、施工技术方案、工程质量目标、安全管理措施、材料与后勤保障措施、环保措施等，建立完整的施工管理体系，以求实现工程项目优质、安全、高效、低耗，取得最显著的经营效果，全面完成施工任务。

（3）制订物资筹备计划。

（4）编制施工预算。

2. 编制依据

（1）项目合同或达成的项目合作意向。

（2）相关的法律法规。

（3）质量控制与质量标准、施工技术规范。

（4）工程特点及现场勘查的实际情况。

3. 编制原则

（1）坚持实事求是的原则。制定方案必须从实际出发，符合现场的实际情况，切实可行。在资源和技术要求等方面，应该与当时已有的条件或在一定时间内能争取到的条件相吻合，因此要在切实可行的范围内尽量求其先进和快速。

（2）符合合同要求的工期。在制定施工方案时，必须保证在合同工期内竣工，并争取提前完成。在施工组织上，要统筹安排，均衡施工；在技术上，尽可能采用先进的施工技术、施工工艺和新材料；在管理上，采用现代化的管理方法进行动态管理和控制。

（3）确保工程质量和施工安全。制定方案应完全符合技术规范、操作规范和安全规程的要求，要充分考虑工程质量和施工安全可能出现的问题，并提出有效的技术组织措施，以确保工程质量和施工安全。

（4）合理控制成本。在合同价款的控制下，尽量降低施工成本，使方案更加经济合理。从施工成本的直接费用（如人工、材料、机具、设备、周转性材料等）和间接费用中找出节约的途径，采取措施控制直接消耗，减少非生产人员。

4. 编写要求

文字要言简意赅，用词准确、规范，表述清晰。

5. 编制程序

（1）根据项目特点，确定施工工艺。

（2）划分作业区，确定作业面及施工顺序。

（3）根据上述内容及合同工期制订施工进度计划。

（4）制订物资供应计划及劳动力用工计划。

（5）制定质量安全保障措施。

（6）编制施工预算。

6. 编制责任人及报备程序

施工方案由项目经理负责组织编制，交由公司工程部审阅，上报公司总经理审批。物资供应计划和施工预算分别抄送销售部和技术部，施工方案报行政部存档备案。

技能训练 17 钢结构构件安装操作

一、训练任务

对如图 17–1 所示的门式钢结构构件进行安装施工，采用高强度螺栓连接，按施工规范及质量标准在规定时间内完成，并进行质量检验。

二、训练目的

熟悉钢结构构件安装施工工具和设备的使用方法，熟练掌握高强度螺栓连接的基本操作方法，掌握钢结构安装施工安全操作知识，掌握钢结构质量检验方法。

三、训练准备

1. 材料准备

（1）钢结构构件：钢结构构件型号、制作质量应符合设计要求和施工规范的规定，应有出厂合格证，并应附有技术文件。

（2）连接材料：螺栓等连接材料应有质量证明书，并符合设计要求及有关国家标准的规定。

大六角头高强度螺栓的连接副由一个螺栓、一个螺母和两个垫圈组成，螺栓、螺母和垫圈应按规定配套使用。大六角头高强度螺栓验收入库后应按规格分类存放，应防雨、防潮，遇有螺纹损伤或螺栓、螺母不配套时不得使用。大六角头高强度螺栓存放时间过长或有锈蚀时，应抽样检查紧固轴力，待满足要求后方可使用。螺栓不得沾染泥土、油污，若有沾染，则必须清理干净。

（3）涂料：防锈涂料技术性能应符合设计要求和有关标准的规定，应有产品质量证明书。

（4）其他材料：包括各种规格的垫铁等。

2. 机具准备

吊装机械、吊装索具、垫木、垫铁、撬棍、手持电砂轮、电钻、电动扭矩扳手及控制箱、手动扭矩扳手、扭矩测量扳手、手工扳手、钢丝刷等。

3. 安全措施

（1）按规定正确佩戴和使用劳动防护用品，如安全帽、安全带、手套等。

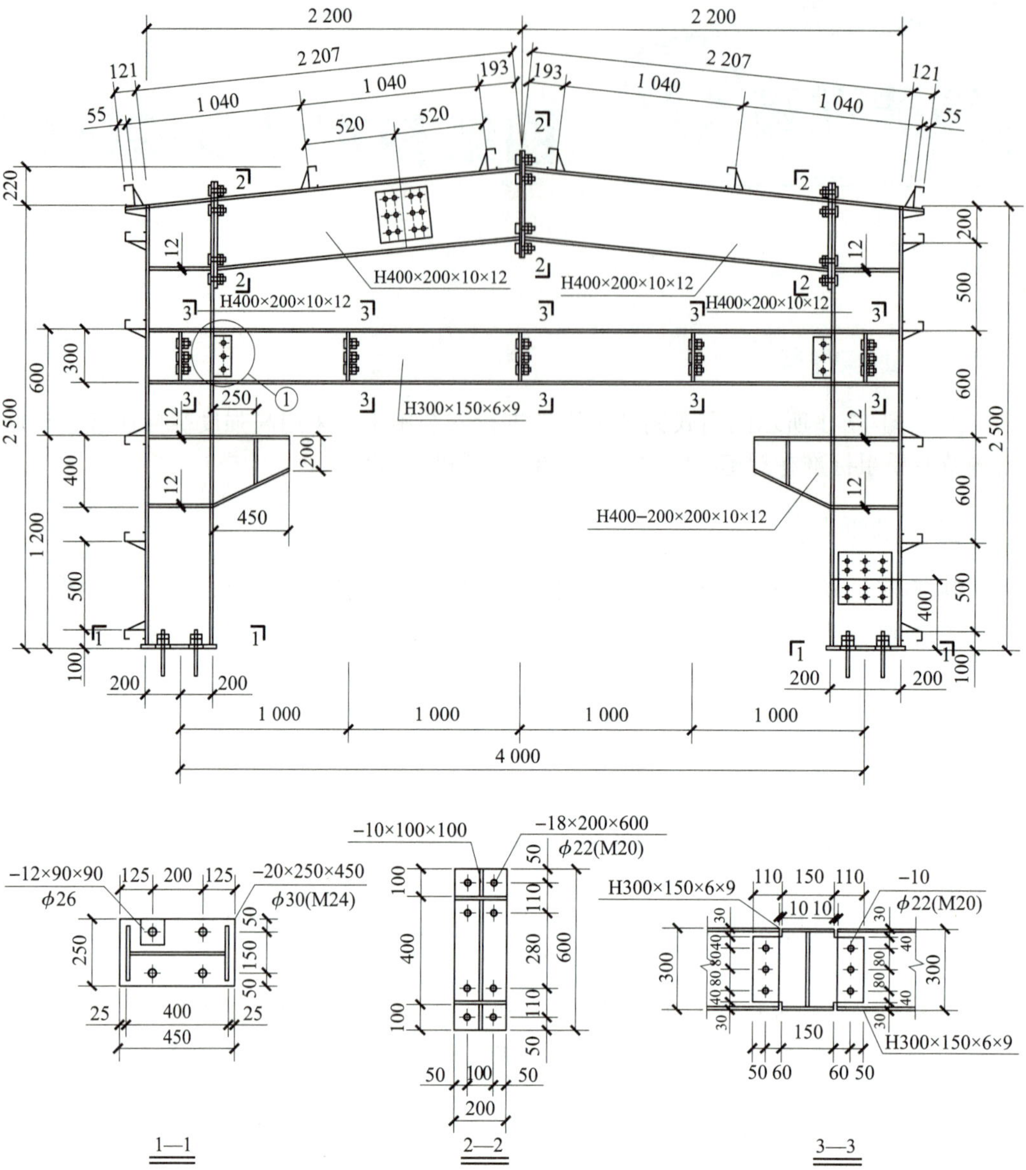

图 17-1　钢结构构件

（2）掌握和检查所使用工具、设备的性能，确认完好后方可使用。

（3）检查作业场所的电气设施是否符合安全用电规定。

（4）尽量避开双层作业。确属无法避开时，应对下层采取隔离防护措施，确认完善可靠后，方可进行作业。

（5）钢结构拼装遇到螺栓孔错位时，应用尖头工具校正孔位，严禁用手指在孔内探摸，以防挤伤。

（6）搬运物件时，走行姿势要正确，两腿要摆开，单人负重不得超过 80 kg，多人抬运长、大物件时，步伐应协调，负重要均匀，每人负重不得超过 50 kg。

（7）使用的抬杠和绳索必须质量良好，无横节疤、裂纹、腐朽等。

（8）采用胶轮平板车推运料具时，严禁溜放，推行姿势应正确，速度不宜过快。小车间隔距离：平道应在 2 m 以上，坡道应在 10 m 以上，不得在两台车之间穿行。

四、训练流程要点

1. 工艺流程

（1）钢结构构件安装工艺流程：实训准备→构件组拼→构件安装→连接与固定→检查、验收→除锈、刷涂料。

（2）高强度螺栓连接工艺流程：实训准备→接头组装→安装临时螺栓→安装高强度螺栓→高强度螺栓紧固→检查验收。

2. 操作要点

（1）钢结构构件安装。

1）安装准备。

①复验安装定位所用的轴线控制点和测量标高使用的水准点。

②放出标高控制线和屋架轴线的吊装辅助线。

③复验屋架支座及支撑系统预埋件的轴线、标高、水平度、预埋螺栓位置及露出长度等，超出允许偏差时，应做好技术处理。

④检查吊装机械及吊具，按照施工组织设计的要求搭设脚手架或操作平台。

⑤屋架腹杆设计为拉杆，但当吊装时由于吊点位置使其受力改变为压杆，为防止构件变形、失稳，必要时应采取加固措施，在平行于屋架上、下弦方向采取钢管、方木或其他临时加固措施。

⑥测量用钢尺应与钢结构制造用的钢尺校对，并取得计量法定单位检定证明。

2）屋架组拼。屋架分片运至现场组装时，拼装平台应平整。组拼时应保证满足屋架总长及起拱尺寸的要求。焊接时焊完一面检查合格后，再翻身焊另一面，做好施工记录，经验收后方可吊装。屋架及天窗架也可以在地面上组装好一次吊装，但要临时加固，以保证吊装时有足够的刚度。

3）屋架安装。

①吊点必须设在屋架三汇交节点上。屋架起吊时离地 50 cm 时暂停，检查无误后再继续起吊。

②安装第一榀屋架时，在松开吊钩前初步校正；对准屋架支座中心线或定位轴线就位，调整屋架垂直度，并检查屋架侧向弯曲，将屋架临时固定。

③第二榀屋架采用同样的方法吊装就位后，不要松钩，用杉篙或方木临时与第一榀屋架固定，接着安装支撑系统及部分檩条，最后校正固定，务必使第一榀屋架与第二榀屋架形成一个具有空间刚度和稳定性的整体。

④从第三榀屋架开始，在屋脊点及上弦中点装上檩条即可将屋架固定，同时将屋架校正好。

4）构件连接与固定。

①构件安装采用螺栓连接的节点，需检查连接节点，合格后方可进行紧固。

②安装螺栓孔不允许用气割扩孔，永久性螺栓不得垫两个以上垫圈，螺栓外露丝扣长度不少于 2~3 扣。

③安装定位焊缝不需承受荷载时，焊缝厚度不少于设计焊缝厚度的 2/3，且不大于 8 mm，焊缝长度不宜小于 25 mm，位置应在焊道内。安装焊缝全数外观检查，主要的焊缝应按设计要求用超声波探伤检查内在质量。上述检查均需做记录。

④高强度螺栓连接操作工艺详见该项工艺标准。

⑤屋架支座、支撑系统的构造做法需认真检查，必须符合设计要求，零配件不得遗漏。

5）检查验收。

①屋架安装后首先检查现场连接部位的质量。

②屋架安装质量主要检查屋架跨中对两支座中心竖向面的不垂直度；屋架受压弦杆对屋架竖向面的侧面弯曲，必须保证上述偏差不超过允许偏差，以保证屋架符合设计受力状态及整体稳定要求。

③屋架支座的标高、轴线位移、跨中挠度，经测量做记录。

6）除锈、涂刷涂料。

①连接处焊缝无焊渣、油污，除锈合格后方可涂刷涂料。

②涂层干漆膜厚度应符合设计要求或施工规范的规定。

（2）高强度螺栓连接。

1）作业准备。

①备好扳手、临时螺栓、过冲、钢丝刷等工具，主要用于施工扭矩的校正。施工所用的扭矩扳手班前必须校正，扭矩校正后才准使用。扭矩校正应指定专人负责。

②高强度螺栓长度选择：考虑到钢结构构件加工时采用钢材一般为正公差，有时材料代用又多是以大代小、以厚代薄，所以连接总厚度增加 3~4 mm 的现象很多。因此，应选择好高强度螺栓长度，一般以紧固后长出 2~3 扣为宜，然后根据要求配套备用。

2）接头组装。

①对摩擦面进行清理，对板不平直的，应在平直达到要求以后才能组装。摩擦面不能有油漆、污泥，孔的周围不应有毛刺，应对待装摩擦面用钢丝刷清理，刷的方向应与摩擦受力方向垂直。

②遇到安装孔有问题时，不得用氧 – 乙炔扩孔，应用扩孔钻床扩孔，扩孔后应重新清理孔周围毛刺。

③高强度螺栓连接面板间应紧密贴实，对因板厚公差、制造偏差或安装偏差等产生的接触面间隙，应按规定处理。

3）安装临时螺栓。

①钢结构构件组装时应先安装临时螺栓，临时螺栓不能用高强度螺栓代替，临时螺栓的数量一般应占连接板组孔群的 1/3，不能少于 2 个。

②板上少量孔位不正、位移量又较少时，可以用冲钉打入定位，然后再上安装螺栓。

③板上孔位不正、位移量较大时，应用铰刀扩孔。

④个别孔位位移较大时，应补焊后重新打孔。

⑤不得用冲子边校正孔位边穿入高强度螺栓。

⑥安装螺栓达到 30% 时，可以将安装螺栓拧紧定位。

4）安装高强度螺栓。

①高强度螺栓应自由穿入孔内，严禁用锤子将高强度螺栓强行打入孔内。

②高强度螺栓的穿入方向应该一致，局部受结构阻碍时可以除外。

③不得在雨天安装高强度螺栓。

④高强度螺栓垫圈位置应该一致，安装时应注意垫圈正、反面方向。

⑤高强度螺栓在检孔内不得受剪，应及时拧紧。

5）高强度螺栓的紧固。

①大六角头高强度螺栓全部安装就位后，可以开始紧固。紧固方法一般分两步进行，即初拧和终拧。应将全部高强度螺栓进行初拧，初拧扭矩应为标准轴力的 60%～80%，具体还要根据钢板厚度、螺栓间距等情况适当掌握。若钢板厚度较大，螺栓布置间距较大，初拧轴力应大一些为好。

②初拧紧固顺序：根据大六角头高强度螺栓紧固顺序规定，一般应从接头刚度大的地方向不受拘束的自由端顺序进行；或者从栓群中心向四周扩散方向进行。这是因为当连接钢板翘曲不牢时，如从两端向中间紧固，有可能使拼接板中间鼓起而不能密贴，从而失去了部分摩擦传力作用。

③大六角头高强度螺栓初拧时应做好标记，防止漏拧。一般初拧后用一种颜色标记，终拧结束后用另一种颜色标记加以区别。

④为了防止高强度螺栓受外部环境的影响，使扭矩系数发生变化，一般初拧、终拧应该在同一天内完成。

⑤凡是结构原因，使个别大六角头高强度螺栓穿入方向不能一致的，当拧紧螺栓时，只准在螺母上施加扭矩，不准在螺杆上施加扭矩，以防止扭矩系数发生变化。

6）大六角头高强度螺栓检查验收。

①施工操作中的工艺检查。在施工过程中检查施工工艺是否按要求进行，具体工艺检查内容有以下几项：是否用临时螺栓安装，临时螺栓数量是否达到 1/3 以上；高强度螺栓的进入是否为自由进入，严禁用锤子强行打入；高强度螺栓紧固顺序是否正确，紧固方法是否正确；抽检测定扭矩扳手的扭矩值，是否在设计允许范围内；检查连接面钢板的清理情况，保证摩擦面的质量可靠。

②大六角头高强度螺栓的质量检查。用 0.3 kg 小锤敲击法，对高强度螺栓进行普查，防止漏拧。进行扭矩检查，按每个节点螺栓数的 10% 进行抽检，抽检数量不得少于一个。检查时先在螺栓端面和螺母上画一直线，然后将螺母拧松约 60°，再用扭矩扳手重新扭紧，使两线重合，测得此时的扭矩在 0.9 Tch～1.1 Tch 可为合格，如发现有不符合规定的，应再扩大检查 10%，如仍有不合格者，则整个节点的高强度螺栓应重新拧紧。扭矩检查应在螺栓终拧 1 h 以后、24 h 之前完成。用塞尺检查连接板之间间隙，间隙超过 1 mm 的，必须重新处理。检查大六角头高强度螺栓穿入方向是否一致，检查垫圈方向是否正确。

3. 成品保护

（1）安装屋面板时，应缓慢下落，不得碰撞已安装好的钢屋架、天窗架等钢结构构件。

（2）吊装损坏的涂层应补涂，以保证漆膜厚度符合规定的要求。

（3）已经终拧的大六角头高强度螺栓应做好标记。

（4）已经终拧的节点和摩擦面应保持清洁、整齐，防止油、尘土污染。

（5）已经终拧的节点应避免过大的局部撞击和氧－乙炔烘烤。

五、训练质量检验

1. 主控项目

（1）钢结构安装工程的质量检验评定，应在该工程焊接或螺栓连接经质量检验评定符合标准后进行。

（2）构件必须符合设计要求和施工规范的规定，检查构件出厂合格证及附件。由于运输、堆放和吊装造成的构件变形必须矫正。

（3）支座位置、做法正确，接触面平稳牢固。

2. 一般项目

（1）构件有标记，中心线和标高基准点完备、清楚。

（2）结构表面干净，无焊疤、油污和泥沙。

（3）允许偏差项目。

1）屋架弦杆在相邻节点间平直度：$l/1\,000$ 且不大于 5 mm（l 为弦杆在相邻节点间的距离）。检查方法：用拉线和钢尺检查。

2）檩条间距：±5 mm。检查方法：用钢尺检查。

3）垂直度：$h/250$ 且不大于 15 mm（h 为屋架高度）。检查方法：用经纬仪或吊线和钢尺检查。

4）侧向弯曲：$L/1\,000$ 且不大于 10 mm（L 为屋架长度）。检查方法：用拉线和钢尺检查。

技能训练 18 防水工程施工

一、训练任务

采用热熔法进行 APP 防水卷材施工，按施工规范及质量标准在规定时间内完成，并进行质量验收。2 人一组，完成一段内天沟屋面防水施工。

二、训练目的

熟悉高聚物改性沥青防水卷材施工工具和设备的使用方法，熟悉高聚物改性沥青防水卷材热熔法施工的基本操作方法，掌握屋面防水施工安全操作知识。

三、训练准备

1. 材料准备

（1）主要材料：高聚物改性沥青防水卷材，如 APP 卷材、SBS 卷材、PEE 卷材，厚度不小于 4 mm。

（2）配套材料。

1）氯丁橡胶沥青胶黏剂：由氯丁橡胶加入沥青及溶剂等配制而成，为黑色液体。或采用与铺贴的卷材材性相容的基层处理剂。

2）橡胶沥青嵌缝膏：即密封膏，用于细部嵌固边缘。

3）70 号汽油、二甲苯，用于清洗受污染的部位。

2. 机具准备

电动搅拌器、高压吹风机、自动热风焊接机、喷灯或可燃气体焰炬、铁抹子、长把滚动刷、钢卷尺、剪刀、笤帚、小线等。

3. 安全措施

（1）防水材料、配套辅助材料及燃料应分别存放并保持安全距离，设专人管理，发放应坚持领用登记制度。其中，防水卷材应单层立放，大汽油桶、燃气瓶必须分别入库存放。

（2）材料堆放处、库房、防水作业区必须配备消防器材。

（3）施工作业人员必须持证上岗，并穿戴防护用品（口罩、工作服、工作鞋、手套、安全帽等），按规程操作，不得违章作业。

（4）防水作业区必须保持良好通风。

（5）高处作业必须有安全可靠的脚手架，并满铺脚手板，作业人员必须系好安全带。

（6）施工用火时，火焰加热器必须专人操作，定时保养，禁止带故障使用。在加油、更换气瓶时必须关火，禁止在防水层上操作。喷头点火时不得正面对人，并远离油桶、气瓶、防水材料及其他易燃易爆材料。

四、训练流程要点

1. 工艺流程

防水工程施工的工艺流程为：清理基层→涂刷基层处理剂→铺贴卷材附加层→铺贴卷材→热熔封边→蓄水试验→防水保护层施工。

2. 操作要点

（1）清理基层。施工前将验收合格的基层表面尘土、杂物清理干净，表面必须干燥。

（2）涂刷基层处理剂。高聚物改性沥青防水卷材施工，按产品说明书配套使用，基层处理剂应与铺贴的卷材材性相容。可将氯丁橡胶沥青胶黏剂加入工业汽油稀释，搅拌均匀，用长把滚动刷均匀涂刷于基层表面，常温经过 4 h 后，开始铺贴卷材。

（3）铺贴卷材附加层。一般用热熔法进行高聚物改性沥青防水卷材施工，在女儿墙、水落口、管根、檐口、阴阳角等细部先做附加层，附加的范围应符合设计和屋面工程技术规范的规定。

（4）铺贴卷材。卷材的层数、厚度应符合设计要求。多层铺设时接缝应错开。将高聚物改性沥青防水卷材剪成相应尺寸，用原卷芯卷好备用。铺贴时随放卷随用火焰喷枪加热基层和卷材的交接处，喷枪距加热面 300 mm 左右，经往返均匀加热，当卷材的材面刚刚熔化时，将卷材向前滚铺、粘贴，搭接部位应满粘牢固，卷材铺贴方向、搭接宽度应符合下列规定。

1）卷材铺贴方向应符合下列规定：

①屋面坡度小于 3% 时，卷材宜平行于屋脊铺贴。

②屋面坡度为 3%～15% 时，卷材可平行或垂直于屋脊铺贴。

③屋面坡度大于 15% 或屋面受振动时，沥青防水卷材应垂直于屋脊铺贴，高聚物改性沥青防水卷材和合成高分子防水卷材可平行或垂直于屋脊铺贴。

④上下层卷材不得相互垂直铺贴。铺贴卷材采用搭接法时，上下层及相邻两幅卷材的搭接缝应错开。

2）热熔法铺贴卷材应符合下列规定：

①火焰加热器加热卷材应均匀，不得过分加热或烧穿卷材；厚度小于 3 mm 的高聚物改性沥青防水卷材严禁采用热熔法施工。

②卷材表面热熔后应立即滚铺卷材，卷材下面的空气应排尽，并辊压黏结牢固，不得空鼓。

③卷材接缝部位必须溢出热熔的改性沥青胶。

④铺贴的卷材应平整顺直，搭接尺寸准确，不得扭曲、有褶皱。

（5）热熔封边。将卷材搭接处用喷枪加热，趁热使两者黏结牢固，以边缘挤出沥青为宜；末端收头用密封膏嵌填严密。

（6）防水保护层施工。卷材防水层完工并经验收合格后，应做好成品保护。保护层的施工应符合设计要求和下列规定：

1）绿豆砂应清洁、预热、铺撒均匀，并使其与沥青玛蹄脂黏结牢固，不得残留未黏结的绿豆砂。

2）云母或蛭石保护层不得有粉料，撒铺应均匀，不得露底，多余的云母或蛭石应清除。

3）水泥砂浆保护层的表面应抹平压光，并设表面分格缝，分格面积宜为 1 m^2。

4）块体材料保护层应留设分格缝，分格面积不宜大于 100 m^2，分格缝宽度不宜小于 20 mm。

5）细石混凝土保护层混凝土应密实，表面抹平压光，并留设分格缝，分格面积不大于 36 m^2。

6）浅色涂料保护层应与卷材黏结牢固，厚薄均匀，不得漏涂。

7）水泥砂浆、块材或细石混凝土保护层与防水层之间应设置隔离层。

8）刚性保护层与女儿墙、山墙之间应预留宽度为 30 mm 的缝隙，并用密封材料嵌填严密。

3. 成品保护

（1）已铺贴好的卷材防水层应采取措施进行保护，严禁在防水层上进行施工作业和运输，并应及时做防水层的保护层。

（2）穿过屋面、墙面防水层处管位，施工中与完工后不得损坏变位。

（3）屋面变形缝、水落口等处，施工中应进行临时堵塞和挡盖，以防落入材料等物，施工完成后将临时堵塞、挡盖物清除，保证管、口内畅通。

（4）屋面施工时不得污染墙面、檐口侧面及其他已完成施工的成品。

五、训练质量检验

防水工程施工训练质量检验见表 18–1。

表 18–1　防水工程施工训练质量检验

序号	验收细节	确认后打“√”	
1	防水卷材的质量是否合格	是	否
2	防水卷材的表面和管道根部等细部是否平整	是	否
3	防水卷材的铺贴是否有开口、翘边、开裂、空鼓现象存在	是	否
4	阴阳角、施工缝等特殊部位的加强层的跨中线两边是否不少于 100 mm	是	否
5	淋水检查试验，对有条件的部位进行淋水检验，24 h 后是否有渗漏现象	是	否

技能训练 19 抹灰工操作

一、训练任务

如图 19-1 所示，对墙面进行混合灰浆抹灰，抹灰厚度 10 ~ 12 mm；墙墩面垂直，误差在 ±2 mm 以内；阴阳角应形成小圆弧，笔直，无空穴或者表面缺陷，平整度误差在 ±2 mm 以内；内角和边线应笔直正方，精确切断；饰面完好，平整。

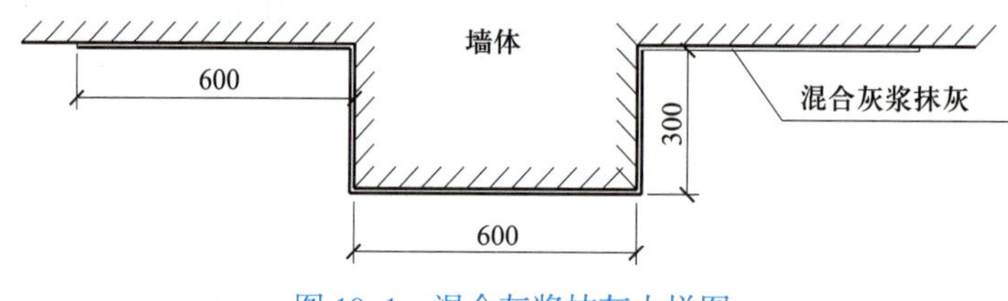

图 19-1 混合灰浆抹灰大样图

二、训练目的

熟悉抹灰工常用工具和设备的使用方法，熟练掌握内墙抹混合砂浆基本操作方法，掌握抹灰工安全操作知识，能够进行墙体抹灰质量检验。

三、训练准备

1. 材料准备

（1）石灰膏：应用块状生石灰淋制，必须用孔径不大于 3 mm × 3 mm 的筛过滤，并储存在沉淀池中。熟化时间，常温下一般不少于 15 d；用于罩面灰时，应不少于 30 d。使用时，石灰膏内不得含有未熟化的颗粒和其他杂质。

（2）磨细生石灰粉：细度应通过 4 900 孔 /cm^2 的筛子，用前应用水浸泡使其充分熟化，熟化时间应为 3 d 以上。

（3）水泥：32.5 级矿渣水泥或普通硅酸盐水泥，应有出厂证明或复试单，当出厂超过 3 个月，按试验结果使用。

（4）砂：中砂，平均粒径为 0.35 ~ 0.5 mm，使用前应过 5 mm 孔径的筛子，且不得含有杂质。

（5）纸筋：使用前应用水浸透、捣烂，并应洁净；罩面纸筋宜用机碾磨细。稻草、麦秸应坚韧、干燥，不含杂质，其长度不应大于 30 mm。稻草、麦秸应经石灰浆浸泡处理。

（6）麻刀：要求柔软、干燥、敲打松散、不含杂质，长度为 10 ~ 30 mm，在使用前 4 ~ 5 d 用石灰膏调好（也可用合成纤维）。

2. 机具准备

砂浆搅拌机、纸筋灰搅拌机、平锹、筛子（孔径 5 mm）、手推车、大桶、灰槽、2 m 靠尺板、线坠、钢卷尺、方尺、托灰板、铁抹子、木抹子、塑料抹子、八字靠尺、5 ~ 7 mm 厚方口靠尺、阴阳角抹子、长舌铁抹子、铁水平、长毛刷、排笔、钢丝刷、笤帚、胶皮水管、小水桶、锤子、钳子、钉子、托线板、工具袋等。

3. 安全措施

（1）室内抹灰使用的木凳、金属支架应搭设平稳、牢固，脚手板跨度不得大于 2 m，架上堆放材料不得过于集中，在同一跨内不应超过两人。

（2）不准在门窗、暖气片、洗脸池等器物上搭设脚手板。阳台部位粉刷，外檐必须挂设安全网，严禁在脚手板的护身栏杆和阳台栏板上进行操作。

（3）使用磨石机应戴绝缘手套、穿绝缘鞋，电源线不得破皮漏电，经试运转正常后方可操作。

（4）外檐抹灰人员脚手板应铺满、铺平、铺严、无探头板。翻板由架子工操作，自行翻板时应拴好安全带。拉结点不准随意拆除。

四、训练流程要点

1. 工艺流程

抹灰工操作的工艺流程为：润湿墙面→确定抹灰厚度和顺序→抹水泥踢脚板（或水泥墙裙）→做水泥护角→抹水泥窗台板→墙面冲筋→抹底灰→修抹预留孔洞，电气箱、槽、盒→抹罩面灰。

2. 操作要点

（1）润湿墙面。抹灰前一天，应用胶皮管自上而下对墙面浇水润湿。

（2）确定抹灰厚度和顺序。一般抹灰按质量要求分为普通、中级和高级三级。室内砖墙抹灰层的平均总厚度不得大于下列规定：普通抹灰为 18 mm，中级抹灰为 20 mm，高级抹灰为 25 mm。

根据设计图纸要求的抹灰质量等级，按基层表面平整垂直情况，吊垂直、套方、找规矩，经检查后确定抹灰厚度，但不应小于 7 mm。墙面凹度较大时，要分层衬平（石灰砂浆和水泥混合砂浆每层厚度宜为 7 ~ 9 mm），操作时先抹上灰饼再抹下灰饼；抹灰饼时要根据室内抹灰的要求（分清抹踢脚板还是水泥墙裙），确定下灰饼的正确位置，用靠尺板找好垂直与平整。灰饼宜用 1 : 3 水泥砂浆抹成 5 cm 见方形状。

（3）抹踢脚板（或水泥墙裙）。将尘土、污物冲洗干净，根据已抹好的灰饼充筋（此筋应冲得宽一些，8 ~ 10 cm 为宜。此筋即为抹踢脚或墙裙的依据，同时也是抹石灰砂浆墙面的依据），填档子，抹底灰一般采用 1 : 3 水泥砂浆，抹好后用大杠刮平，木抹子搓毛，常温第二天便可抹面层砂浆。面层灰用 1 : 2.5 水泥砂浆压光。墙裙及踢脚抹好后，一般应凸出石灰墙面 5 ~ 7 mm，但也有与石灰墙面齐平或凹进石灰墙面的做法，此时应按设计要求施工（水泥砂浆墙裙同此做法）。

（4）做水泥护角。室内墙面的阳角、柱面的阳角和门窗洞口的阳角应用 1 : 3 水泥砂浆打底，与所抹灰饼找平，待砂浆稍干后，再用 107 胶素水泥膏抹成小圆角；或用 1 : 2 水泥细砂浆做明护角（比底灰高 2 mm，应与石灰罩面齐平），其高度不应低于 2 m，每侧宽度不小于 5 cm。门窗口护角做完后，应及时用清水刷洗门窗框上的水泥浆。

（5）抹水泥窗台板。先将窗台基层清理干净，松动的砖要重新砌筑好。砖缝划深，用水浇透，然后用 1 : 2 : 3 豆石混凝土铺实，厚度大于 2.5 cm。次日，刷掺水量 10% 的 107 胶素水泥浆一道，紧跟着抹 1 : 2.5 水泥砂浆面层，待面层颜色开始变白时，浇水养护 2 ~ 3 d。窗台板下口抹灰要平直，不得有毛刺。

（6）墙面冲筋。用与抹灰层相同的砂浆冲筋，冲筋的根数应根据房间的宽度或高度决定，一般筋宽为 5 cm，可充横筋也可充立筋，根据施工操作习惯而定。

（7）抹底灰。一般情况下充完筋 2 h 左右就可以抹底灰。抹灰时先薄薄地刮一层，接着分层装档、找平，再用大杠垂直、水平刮一遍，用木抹子搓毛。然后全面检查底子灰是否平整，阴阳角是否方正，管道处灰是否挤齐，墙与顶交接处是否光滑、平整，并用托线板检查墙面的垂直与平整情况。散热器后的墙面抹灰，应在散热器安装前进行，抹灰面接槎应平顺。抹灰后应及时将散落的砂浆清理干净。

（8）修抹预留孔洞和电气箱、槽、盒。当底灰抹平后，应立即设专人把预留孔洞和电气箱、槽、盒周边 5 cm 的石灰砂浆刮掉，改抹 1 : 1.4 水泥混合砂浆，把预留孔洞和电气箱、槽、盒周边抹光滑、平整。

（9）抹罩面灰。当底灰干至六七成时，即可开始抹罩面灰（如底灰过干，应浇水润湿）。罩面灰应两遍成活，厚度约 2 mm，最好两人同时操作，一人先薄薄刮一遍，另一人随即抹平。按先上后下顺序进行，再赶光压实，然后用铁抹子压一遍，最后用塑料抹子压光，随后用毛刷蘸水将罩面灰污染处清扫干净。

（10）冬期施工应符合下列规定：

1）冬期施工时，室内砖墙抹石灰砂浆应采取保温措施，拌和砂浆所用的材料不得受冻。涂抹时，砂浆的温度不宜低于 5 ℃。

2）室内抹石灰砂浆工程施工的环境温度不应低于 5 ℃，故需提前做好室内采暖保温和防寒工作。

3）用冻结法砌筑的墙，应待其解冻后，室内温度保持在 5 ℃以上，方可进行室内抹灰。不得在负温度和冻结的墙上抹石灰砂浆。

4）冬期施工要注意室内通风换气，排除湿气，应设专人负责定时开关门窗和测温，抹灰层不得受冻。

3. 成品保护

（1）抹灰前必须事先把门窗框与墙连接处的缝隙用水泥砂浆嵌塞密实（铝合金门窗框应留出一定间隙填塞嵌缝材料，其嵌缝材料由设计确定），门口钉设铁皮或木板保护。

（2）要及时清扫干净残留在门窗框上的砂浆。铝合金门窗框必须有保护膜，并保持到快要竣工需清擦玻璃时为止。

（3）推小车或搬运东西时，要注意不要损坏墙角和墙面。抹灰用的工具和铁锹把

不要靠在墙上。严禁蹬踩窗台，防止损坏其棱角。

（4）拆除脚手架要轻拆轻放，拆除后材料码放整齐，不要撞坏门窗、墙角和口角。

（5）要保护好墙上的预埋件、窗帘钩等。墙上的电线槽、盒和水暖设备预留洞等不要随意抹死。

（6）抹灰层凝结前，应防止快干、水冲、撞击、震动和挤压，以保证灰层有足够的强度。

（7）要注意保护楼地面面层，不得直接在楼地面上拌灰。

五、训练质量检验

抹灰工操作训练质量检验见表 19–1。

表 19–1　抹灰工操作训练质量检验

序号	项目	允许偏差 /mm		检验方法
		普通抹灰	高级抹灰	
1	立面垂直度	4	3	用 2 m 垂直检测尺检查
2	表面平整度	4	3	用 2 m 靠尺和塞尺检查
3	阴阳角方正	4	3	用直角检测尺检查
4	分格条（缝）直线度	4	3	拉 5 m 线，不足 5 m 拉通线，用钢直尺检查
5	墙裙勒脚上口直线度	4	3	拉 5 m 线，不足 5 m 拉通线，用钢直尺检查

技能训练 20　裱糊工操作

一、训练任务

在“技能训练 19　抹灰工操作”的基础上完成本次训练。在抹灰面层上裱糊一般用壁纸或墙布，掌握裱糊对抹灰面干湿度的要求，以及裱糊普通壁纸的操作工艺顺序、各顺序的要点及质量标准和注意事项。

二、训练目的

熟悉裱糊工常用工具和设备的使用方法，熟练掌握裱糊工基本操作方法，掌握裱糊工安全操作知识。

三、训练准备

1. 材料准备

（1）石膏、大白、滑石粉、聚醋酸乙烯乳液、2% 羧甲基纤维素溶液、107 胶或各种型号的壁纸、胶黏剂等。

（2）壁纸、墙布：为保证裱糊质量，各种壁纸、墙布的质量应符合设计要求和相应的国家标准。

（3）胶黏剂、嵌缝腻子、玻璃网格布等应根据设计和基层的实际需要提前备齐。胶黏剂应满足建筑物的防火要求，避免在高温下因胶黏剂失去黏结力使壁纸脱落而引起火灾。

2. 机具准备

裁纸工作台、钢板尺（1 m 长）、壁纸刀、塑料水桶、塑料脸盆、油工刮板、拌腻子槽、小辊子、毛刷、排笔、擦布或棉丝、粉线包、小白线、铁制水平尺、托线板、线坠、盒尺、钉子、锤子、红铅笔、笤帚、工具袋等。

3. 安全措施

（1）凳上操作时，单凳只准站一人；双凳搭跳板，两凳的距离不超过 2 m，只准站两人。

（2）梯子不得缺档，不得垫高，横档间距以 30 cm 为宜，梯子底部绑防滑垫；人字梯两梯夹角以 60° 为宜，两梯间要拉牢。

四、训练流程要点

1. 工艺流程

裱糊工操作的工艺流程为：基层处理→吊直、套方、找规矩、弹线→计算用料、裁纸→刷胶、糊纸→修整壁纸。

2. 操作要点

裱糊操作原则上是先裱糊顶棚，后裱糊墙面。

（1）裱糊顶棚壁纸。

1）基层处理。清理混凝土顶面，满刮腻子：首先将混凝土顶上的灰渣、浆点、污物等清刮干净，并用笤帚将粉尘扫净，满刮腻子一道。腻子的体积配合比为聚醋酸乙烯乳液 1 体积，石膏或滑石粉 5 体积，2% 羧甲基纤维素溶液 3.5 体积。腻子干后用磨砂纸：满刮第二遍腻子，待腻子干后用砂纸磨平、磨光。

2）吊直、套方、找规矩、弹线。首先应将顶的对称中心线通过吊直、套方、找规矩的办法弹出中心线，以便从中间向两边对称控制。墙顶交接处的处理原则为：凡有挂镜线的按挂镜线，没有挂镜线的则按设计要求弹线。

3）计算用料、裁纸。根据设计要求决定壁纸的粘贴方向，然后计算用料、裁纸。应按所量尺寸每边留 2 ~ 3 cm 余量，如采用塑料壁纸，应在水槽内先浸泡 2 ~ 3 min，拿出，抖余水，半纸面用净毛巾沾干。

4）刷胶、糊纸。在纸的背面和顶棚的粘贴部位刷胶，应注意按壁纸宽度刷胶，不宜过宽，铺贴时应从中间开始向两边铺粘。第一张一定要按已弹好的线找直粘牢，注意纸的两边各甩出 1 ~ 2 cm 不压死，以满足与第二张铺粘时的拼花、压槎、对缝要求。然后依上法铺粘第二张，两张纸搭接 1 ~ 2 cm，用钢板尺比齐，两人将尺按紧，一人用壁纸刀裁切，随即将搭槎处两张纸条撕去，用刮板带胶将缝隙压实、刮牢。随后将顶两端阴角处用钢板尺比齐、拉直，用刮板及小辊子压实，最后用湿温毛巾将接缝处辊压出的胶痕擦净，依次进行。

5）修整壁纸。壁纸粘贴完成后，应检查是否有空鼓不实之处，接槎是否平顺，有无翘边现象，胶痕是否擦净，有无小包，表面是否平整，多余的胶是否清擦干净等，直至符合要求。

（2）裱糊墙面壁纸。

1）基层处理。混凝土墙面可根据原基层质量的好坏，在清扫干净的墙面上满刮 1 ~ 2 道石膏腻子，干后用砂纸磨平、磨光。若为抹灰墙面，可满刮大白腻子 1 ~ 2 道找平、磨光，但不可磨破灰皮。石膏板墙用嵌缝腻子将缝堵实堵严，粘贴玻璃网格布或丝绸条、绢条等，然后局部刮腻子补平。

2）吊垂直、套方、找规矩、弹线。首先应将房间四角的阴阳角通过吊垂直、套方、找规矩，确定从哪个阴角开始按照壁纸的尺寸进行分块弹线控制（习惯做法是进门左阴角处开始铺贴第一张）。有挂镜线的按挂镜线，没有挂镜线的按设计要求弹线控制。

3）计算用料、裁纸。将已量好的墙体高度放大约 2 ~ 3 cm，按此尺寸计算用料、裁纸，一般应在案子上裁割，将裁好的纸用湿温毛巾擦后，折好待用。

4）刷胶、糊纸。应分别在纸上及墙上刷胶，其刷胶宽度应相吻合，墙上刷胶一次不应过宽。糊纸时从墙的阴角开始铺贴第一张，按已画好的垂直线吊直，并从上往下用手铺平，刮板刮实，并用小辊子将上、下阴角处压实。第一张粘好留 1 ~ 2 cm（应拐过阴角约 2 cm），然后粘铺第二张，依同法压平、压实，与第一张搭槎 1 ~ 2 cm。要自上而下对缝，拼花要端正，用刮板刮平，用钢板尺在第一、第二张搭槎处切割开，将纸边撕去，边槎处带胶压实，并及时将挤出的胶液用湿温毛巾擦净，然后用相同的方法将接顶、接踢脚的边切割整齐，并带胶压实。墙面上遇有电门、插销盒时，应在其位置上破纸做标记。在裱糊时，阳角处不允许甩槎接缝，阴角处必须裁纸搭缝，不允许整张纸铺贴，避免产生空鼓与褶皱。

5）花纸拼接。

①纸的拼缝处花形要对接拼搭好。

②铺贴前应注意花形及纸的颜色力求一致。

③墙与顶壁纸的搭接应根据设计要求而定，一般有挂镜线的房间应以挂镜线为界，无挂镜线的房间则以弹线为准。

④花形拼接如出现困难，错槎应尽量甩到不显眼的阴角处，大面不应出现错槎或花形混乱的现象。

⑤修整壁纸。糊纸后应认真检查，对墙纸的翘边翘角、气泡、褶皱及胶痕未擦净等问题，应及时处理和修整，使之完善。

3. 成品保护

（1）墙纸裱糊完的房间应及时清理干净，不准做料房或休息室，避免污染和损坏。

（2）在整个裱糊的施工过程中，严禁非操作人员随意触摸墙纸。

（3）电气和其他设备等在进行安装时，应注意保护墙纸，防止污染和损坏。

（4）铺贴壁纸时，必须严格按照规程施工。施工操作时要做到干净利落，边缝要切割整齐，胶痕必须及时清擦干净。

（5）严禁在已裱糊好壁纸的顶、墙上剔眼打洞。若纯属设计变更，也应采取相应的措施，施工时要小心保护，施工后要及时认真修复，以保证壁纸的完整。

（6）二次修补油、浆活及磨石二次清理打蜡时，注意做好壁纸的保护工作，防止壁纸被污染、碰撞或损坏。

五、训练质量检验

裱糊工操作训练质量检验见表 20–1。

表 20–1　　裱糊工操作训练质量检验

序号	项目	检查项目	检查方法
1	主控项目	壁纸墙布的种类、规格、图案、颜色和燃烧性能等级必须符合设计要求及现行国家标准的有关规定	观察，检查产品合格证书、进场验收记录和性能检测报告
2		裱糊后各幅拼接应横平竖直，拼接处花纹图案应吻合，不离缝、不搭接、不显拼缝	观察，拼缝检查：距离墙面 1.5 m 处正视
3		壁纸墙布应粘贴牢固，不得有漏贴、补贴、脱层、空鼓和翘边现象	观察，手摸检查
1	一般项目	裱糊后的壁纸墙布表面应平整，色泽应一致，不得有波纹、起伏、气泡、裂缝、褶皱及斑污，斜视时应无胶痕	观察，手摸检查
2		复合压花壁纸的压痕及发泡壁纸的发泡层应无损坏	观察
3		壁纸墙布与各种装饰线、设备线盒应交接严密	用塞尺或水准仪检查
4		壁纸墙布边缘应平直、整齐，不得有纸毛、飞刺	观察
5		壁纸墙布阴角处搭接应顺、光，阳角处应无接缝	观察